高等教育工程造价专业"十三五"规划系列教材

园林工程识图与施工

YUANLIN GONGCHENG SHITU YU SHIGONG

主　审　张建平

主　编⊙冯婷婷　吕东蓬

副主编⊙石　莺　徐　梅

参　编⊙杨嘉玲

U0205764

西南交通大学出版社

·成都·

图书在版编目（CIP）数据

园林工程识图与施工／冯婷婷，吕东蓬主编. —成都：西南交通大学出版社，2016.3
高等教育工程造价专业"十三五"规划系列教材
ISBN 978-7-5643-4429-0

Ⅰ. ①园… Ⅱ. ①冯… ②吕… Ⅲ. ①园林 – 工程施工 – 工程制图 – 识别 – 高等学校 – 教材②园林 – 工程施工 – 高等学校 – 教材 Ⅳ. ①TU986.3

中国版本图书馆 CIP 数据核字（2016）第 043304 号

高等教育工程造价专业"十三五"规划系列教材
园林工程识图与施工
主编　冯婷婷　吕东蓬

责 任 编 辑	姜锡伟
特 邀 编 辑	柳堰龙
封 面 设 计	墨创文化

	西南交通大学出版社
出 版 发 行	（四川省成都市二环路北一段 111 号 西南交通大学创新大厦 21 楼）
发 行 部 电 话	028-87600564　028-87600533
邮 政 编 码	610031
网　　　址	http://www.xnjdcbs.com
印　　　刷	成都蓉军广告印务有限责任公司
成 品 尺 寸	185 mm×260 mm
印　　　张	8.75
字　　　数	216 千
版　　　次	2016 年 3 月第 1 版
印　　　次	2016 年 3 月第 1 次
书　　　号	ISBN 978-7-5643-4429-0
定　　　价	22.00 元

课件咨询电话：028-87600533

高等教育工程造价专业"十三五"规划系列教材
建设委员会

序

21 世纪，中国高等教育发生了翻天覆地的变化，从相对数量上看中国已成为全球第一高等教育大国。

自 20 世纪 90 年代中国高校开始出现工程造价专科教育起，到 1998 年在工程管理本科专业中设置工程造价专业方向，再到 2003 年工程造价专业成为独立办学的本科专业，如今工程造价专业已走过了 25 个年头。

据天津理工大学公共项目与工程造价研究所的最新统计，截至 2014 年 7 月，全国约 140 所本科院校、600 所专科院校开办了工程造价专业。2014 年工程造价专业招生人数为本科生 11 693 人，专科生 66 750 人。

如此庞大的学生群体，导致工程造价专业师资严重不足，工程造价专业系列教材更显匮乏。由于工程造价专业发展迅猛，出版一套既能满足工程造价专业教学需要，又能满足本专、科各个院校不同需求的工程造价系列教材已迫在眉睫。

2014 年，由云南大学发起，联合云南省 20 余所高等学校成立了"云南省大学生工程造价与工程管理专业技能竞赛委员会"，在共同举办的活动中，大家感到了交流的必要和联合的力量。

感谢西南交通大学出版社的远见卓识，愿意为推动工程造价专业的教材建设搭建平台。2014 年下半年，经过出版社几位策划编辑与各院校反复地磋商交流，成立工程造价专业系列教材建设委员会的时机已经成熟。2015 年 1 月 10 日，在昆明理工大学新迎校区专家楼召开了第一次云南省工程造价专业系列教材建设委员会会议，紧接着召开了主参编会议，落实了系列教材的主参编人员，并在 2015 年 3 月，出版社与系列教材各主编签订了出版合同。

我以为，这是一件大事也是一件好事。工程造价专业缺教材、缺合格师资是我们面临的急需解决的问题。组织教师编写教材，一是可以解教材匮乏之急，二是通过编写教材可以培养教师或者实现其他专业教师的转型发展。教师是一个特殊的职业—— 是一个需要不断学习更新自我的职业，教师也是特别能接受新知识并传授新知识的一个特殊群体，只要任务明确，有社会需要，教师自会完成自身的转型发展。

因此教材建设一举两得。

我希望：系列教材的各位主参编老师与出版社齐心协力，在一两年内完成这一套工程造价专业系列教材编撰和出版工作，为工程造价教育事业添砖加瓦。我也希望：各位主参编老师本着对学生负责、对事业负责的精神，对教材的编写精益求精，努力将每一本教材都打造成精品，为培养工程造价专业合格人才贡献力量。

中国建设工程造价管理协会专家委员会委员

云南省工程造价专业系列教材建设委员会主任　　张建平

2015 年 6 月

前　言

　　随着我国经济的发展，建筑行业人才需求量普遍增大，工程造价专业人才市场需求量有日益增大的趋势，工程造价专业培养具备工程技术及工程经济学的基本知识，掌握现代管理科学的理论、方法与手段，能在国内外工程建设领域从事工程造价全过程确定与控制的复合型高级技术人才。

　　工程造价涉及的工程领域较广，其中园林工程与工程造价的关系非常紧密，《园林工程识图与施工》的主要任务是使学生能够掌握园林工程的基本原理，了解园林工程施工的基本流程，读懂园林施工图纸，从而为后期进行的园林工程计量与计价奠定相应的理论基础。

　　园林工程是一门综合性、实践性很强的课程，涵盖了园林绿化工程和园林土建工程两大部分内容。园林绿化工程主要内容为园林种植工程施工的全部内容，包括乔灌木种植、大树移植、草坪种植和花坛种植工程，主要涵盖园林绿化工程的施工工艺、施工技术要点和工程施工组织管理的相关内容。园林土建工程包括园林地形设计与土方工程、园林给排水工程、水景工程、砌体工程、园路工程、假山工程、照明与供电工程 7 个部分，基本涵盖了园林工程所涉及的部分。为使学生在学习的时候易读性更强，每个章节都匹配相应的工程实例，做到施工与识图一一对应。

　　本书编写分工为：第 1 章、第 2 章、第 9 章由冯婷婷（昆明有色冶金设计研究院股份公司）编写，第 3 章由杨嘉玲（昆明理工大学津桥学院）编写，第 4 章、第 7 章由吕东蓬（昆明理工大学津桥学院）编写，第 5 章、第 8 章由徐梅（昆明理工大学津桥学院）编写，第 6 章由石莺（昆明理工大学津桥学院）编写，全书由冯婷婷、吕东蓬统稿，由张建平（昆明理工大学）主审。

　　本书可作为工程造价、风景园林两个专业在校学生的教科书，也可以作为从事园林工程造价的专业人员的自学参考书。

　　由于编者水平有限，不足之处在所难免，恳请广大读者提出宝贵意见，以便修订时改正。

编　者

2016 年 1 月

目　　录

第 1 章　园林工程概述

【本章重点】

（1）园林工程的基本概念；

（2）园林工程的基本内容和特性；

（3）园林工程的国内外发展进展。

1.1　园林工程的基本概念

1.1.1　园林

园林指的是在一定的地域范围内运用相应的工程技术和艺术手段，通过改造地形、营造建筑和布置园路、种植各类植物等途径创作而成的美的自然环境和游憩境域。如中国最具有代表性的皇家园林和江南私家园林（如图 1-1、图 1-2）就是园林中的经典之作。

图 1-1　北京颐和园

图 1-2　苏州拙政园

1.1.2 园林工程

在园林设计和施工中，使园林最大限度地满足人们的审美要求，最大限度地发挥园林的功能要求，这样的一种造景技艺和过程，称为园林工程。

1.2 园林工程学科的特点

园林工程是一门实践性和综合性较强的学科。要想将优秀的设计方案变成实际的工程现实，需要综合考虑各方面技术的统一，才能达到较好的预期效果。

1.2.1 技术性与艺术性的统一

园林工程涉及土方、园路、种植、假山、水景等各类工程，各类工程不仅要满足结构和施工的技术性要求，还要从审美的角度考虑其造型与园林整体风格的呼应，以便达到技术性与艺术性的统一。

1.2.2 规范性与时代性的结合

不同时期的园林工程是与当时的工程技术水平相适应的，随着人们生活水平的提高和人们对环境质量要求的提升，对城市中的园林建设要求亦日趋多样化，园林建设所涉及的各项工程，从设计到施工均应符合我国现行的工程设计、施工规范。

1.2.3 生态性与生物性的协调

园林环境越来越多地强调以植物景观为主，植物的配置、栽种、养护与管理，使得园林工程具有生物性和生态性。

1.2.4 多学科综合性的成果

园林工程的建设在设计中需要多专业的配合才能很好地完成，在施工中也需要多部门的协调配合。因此园林工程不是单一学科发展的成果，而是多学科综合性的成果。

1.3 我国园林工程的发展进程

园林的发展历史非常悠久，早在奴隶社会殷周时期便产生了园林最早的雏形——苑囿，以满足帝王狩猎等功能方面的需求。到春秋战国时期就已出现人工造山，但主要是为治理水患和新修水利工程，而并非单纯的造园。秦汉时期的山水宫苑则发展为大规模的挖湖堆山，形成了"一池三山"的造园格局。到了唐代，工程技术方面则更为发达，特别是在各种造园材料的工艺上都有所提升，宋代以宋徽宗在汴京（今开封）命建的寿山艮岳为代表，在造园工程中达到历史上的一个高峰。明清时期的造园手法和技艺更加趋于成熟，无论是在以颐和园为代表的皇家园林还是江南私家园林都呈现了较高的造园水平和精湛的工程施工水平，达到了"虽由人作，宛自天开"的境界。

　　中国古代园林在漫长的发展过程中不仅积累了丰富的实践经验，还总结出了很多精辟的理论著作。如明代计成所著的《园冶》就专门总结了许多园林工程的理法；除此之外，北宋沈括所著《梦溪笔谈》、明代文震亨所著《长物志》、宋《营造法式》中也都有提及园林工程的相关内容。园林工程作为一门技术，其发展历史伴随着园林史的发展源远流长，但是真正作为一门系统而独立的学科时间却不长，主要是为了适应我国园林绿化建设发展的需求而诞生。

第2章 地形设计与土方工程

【本章重点】
（1）掌握园林地形设计的方法；
（2）熟悉土方工程量计算的一般方法；
（3）了解影响土方施工进度的因素；
（4）掌握土方施工的程序、技术及施工要点。

2.1 地形设计

地形设计是园林设计的一项非常重要的内容，一方面会制约设计，另一方面但如果能够巧妙地利用地形的话有时往往能够达到更好的效果；因此地形设计和园林设计是相辅相成的。

2.1.1 地形设计的基本任务和内容

在园林设计的过程中会遇到很多复杂的自然地形，这些地形的坡度及现状条件往往无法满足园林工程建设对场地的使用需求，因此在场地设计的过程中就必须对场地进行设计和平整。地形设计要充分利用和改造原有的自然地形，根据园林工程的需求合理选择设计标高，通过调整和设计使之成为适宜工程建设的场地。

1. 地形设计的基本任务

（1）根据现状地形，确定其原始坡度、标高和坡向。
（2）根据相关国家规范和园林设计方案，确定方案中各类要素的设计标高及坡度和坡向及排水方式的组织。
（3）根据原始地形和设计地形的相关数据，计算土方工程量，进行土方平衡的调配。

2. 地形设计的内容

1）地貌设计
地貌设计是地形设计中的一项主要内容，园林工程中涉及各类地貌要素的组合，山、坡、水体、瀑布、景观小品等在方案中布置的位置、高程、大小等各有不同的需求，这些都需要通过地貌设计来安排。

2）排水设计
地形设计除了满足地貌要素的需求之外，还必须考虑地面排水的问题，确定合理的排水坡度和方向，以避免出现雨水无法排除而积留。根据相关规范规定无铺装的地面最小排水坡度为 1%，有铺装的地面最小排水坡度为 0.5%，但这只是参考极限值，具体排水坡度的设计还要视汇水面积的大小、种植植被的品种而定。

3）园路设计

道路在整个园林中取到骨架的作用，道路设计要确定其纵坡的坡度和变坡点的高程，为了满足车行和人行的使用需求，一般园路的坡度不应大于 8%，否则会造成行走费力。如果大于 8%的坡度时宜采用台阶来进行处理。

4）建筑和其他小品

园林工程中离不开建筑和一些园林小品，建筑室内与室外场地之间存在一定高差，设计时应标出室内地坪标高差及室外场地标高。尤其是当建筑或小品处于山地之上时，更应注明建筑和场地之间的高差关系。

5）水体设计

园林中往往离不开水体，水体设计要确定水体的轮廓线，创造良好的景观效果，确定岸顶、湖底的高程及水位线，以便解决水的来源与排放问题。为了保证使用的安全性，水体深度一般应控制在 1.5 ~ 1.8 m。

2.1.2 地形设计的基本概念与作用

1. 地形设计的基本概念

1）地形

地形指的是地表各种各样的形态，具体指地表以上分布的固定性物体共同呈现出的高低起伏的各种状态。一般将地形划分为平原地形、高原地形、山地地形、丘陵地形、盆地地形五类，其中如丘陵地形和平原地形就形成了较为强烈的反差和对比（如图 2-1、图 2-2）。

图 2-1　丘陵地形

图 2-2　平原地形

2）等高线

等高线指的是地形图上高程相等的相邻各点所连成的闭合曲线。把地面上海拔高度相同的点连成的闭合曲线，垂直投影到一个水平面上，并按比例缩绘在图纸上，就得到等高线。

等高线也可以看作不同海拔高度的水平面与实际地面的交线，所以等高线是闭合曲线。在等高线上标注的数字为该等高线的海拔（如图2-3、图2-4）。

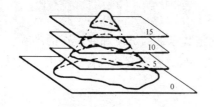

图2-3　等高线示意图

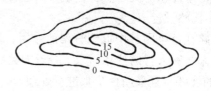

图2-4　等高线投影图

3）地形图

地形图是详细表示地表上居民地、道路、水系、境界、土质、植被等基本地理要素且用等高线表示地面起伏的一种按统一规范生产的普通地图。

4）地形设计

地形的设计和整理是竖向设计的一项主要内容。园林工程中道路、山体、水体、建筑的布置对场地的需求各有不同，而这些要素之间的相对位置、高低、大小、比例、尺度、外观形态、坡度的控制和高层关系等都要通过地形设计来解决。

2. 地形设计的作用

1）园林景观的基底骨架作用

地形是园林建设组成的依托基础和底界面，是整个园林景观的骨架，以其丰富的变化，构成园林的水平流动空间并于水体、建筑、植物等其他要素共同形成园林景观（如图2-5）。

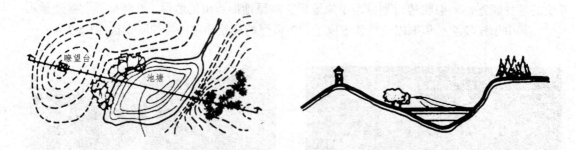

图2-5　地形作为景观要素的基底

2）创造不同的小气候环境

地形设计可以将场地划分为不同的坡向：南坡能直接接受冬季阳光的照射，而北坡也可间接接受冬季阳光的照射。地形设计具有创造不同小气候的功能作用，对植物的种植也可提供向阳和背阴的小气候环境条件。

3）组织视线及对空间的有效分隔

地形设计不仅可以根据设计的意图和需求有效的分隔空间形成不同的空间类型，对人具有不同感染力，还可以通过地形的起伏处理达到对视线的组织，如南京中山陵音乐台的凹地形能在景观中将视线导向某一特定点，形成可视范围，引导观赏（如图2-6）。

图 2-6　南京中山陵音乐台

4）为园林排水创造良好的地形条件

地形过于平坦不利于排水，容易形成积涝。但地形坡度太大时又容易引起地面被冲刷和水体的流失。而园林地形因素则可以决定园林的地表径流，合理安排地形的水量和汇水线，从而使地形具有较好的自然排水条件，充分发挥地形排水工程作用的有效措施。

2.1.3　地形设计的原则和基本要求

1. 地形设计的原则

1）利用为主，改造为辅

进行地形设计时，首先要对原有地形地势进行深入的分析，在结合园林的功能要求进行考虑，尽量以利用为主、改造为辅，特别是原有地形中的可以利用的地形、植被等要重点考虑，以便使地形设计符合自然山水规律。

2）因地制宜，量力而行

地形有起有伏，进行园林地形设计时，要对原有的自然地形、地势地貌深入研究分析，结合园林功能需要的同时采取必要的措施，尽可能地进行局部改造，做到尽量少动原有地形和现状植被，顺应自然。就低挖池，就高堆山，使园林地形合乎自然山水规律。

3）就地取材，就近施工

园林地形的设计要充分利用场地中的土石、植被，土方平整也要就地取材，以降低相关的土石方及运输费用。

2. 不同园林地形设计的基本要求

园林工程中涉及各种类型的地形，常见的有平地、坡地、山地、丘陵等类型，不同类型的地形坡度如表 2-1 所示。

表 2-1 不同地形坡度分类及特征描述

序号	常用地形单元	定义	具体分类	坡度要求
1	平地	具有一定坡度的相对平整的地面	种植使用的平地	坡度为 1%～3%
			构筑物使用的平地	坡度为 0.3%～1.0%
2	坡地	其坡向、坡度大小根据使用性质以及其他地形地物因素而定	缓坡地	坡度为 3%～10%
			中坡地	坡度为 10%～25%
			陡坡地	坡度为 25%～50%
			急坡地	坡度为 50%～100%
			悬崖、陡坎	坡度 100%
4	丘陵	高度差异在 1～3 m 变化	局部隆起的地形	坡度 10%～25%
5	山地	外向型空间，便于向四周展望，景观面丰富	有山脊、山岭、山冈和山嘴	坡度变化较大

建设使用的自然地形往往不能满足建构筑物对场地布置的要求，在地形设计阶段就需要根据园林工程中不同的使用功能来对自然地形进行相应的竖向调整和设计，充分利用和改造地形，选择合理的设计标高，以满足功能需求改造成为适宜的建设用地，如表 2-2 所示。

表 2-2 不同园林要素坡度要求

序号	内容	具体分类	常用坡度	极限坡度
1	道路	主要道路	1%～8%	0.5%～10%
		次要道路	1%～12%	0.5%～20%
		服务车道	1%～10%	0.5%～15%
		入口道路	1%～4%	0.5%～8%
2	坡道	步行坡道	≤8%	≤12%
		停车坡道	≤15%	≤20%
3	踏步	台阶	33%～50%	20%～50%
4	场地	停车场	1%～5%	0.5%～8%
		运动场地	0.5%～1.5%	0.5%～2%
		游戏场地	2%～3%	1%—5%
		平台和广场	1%～2%	0.5%～3%
		铺装	1%～50%	0.25%～100%
5	排水沟渠	明沟	1%～50%	0.25%～100%
		自然排水沟	2%～10%	0.5%～15%
6	种植面	铺草坡面	≤33%	≤50%
		种植坡面	≤50%	≤100%

2.1.4 地形设计的基本方法和步骤

1. 地形设计的步骤

地形设计之前需要做一定的准备工作，这些工作主要包括资料的搜集与现场踏勘、地形的调查与分析两大方面的内容：资料的收集要尽量的全面，包括适当比例的地形图、地质与水文资料、地上地下管线资料等；除此之外还应亲临现场实地勘察修正地形图中的不足之处，并且应特别注意滑坡、塌方等特殊情况。搜集完相应的基础资料后应对地形进行相应的分析，如在地形图上将基地坡度分成几个等级，在原有地形图的基础上找出分水线与汇水线，充分分析原有植被、水体和土壤情况。

2. 地形设计的方法

地形设计的方法主要包括高程箭头法、纵横断面法和设计等高线法。

1）高程箭头法

高程箭头法又称为流水向分析法，主要用于表示坡面方向及地面排水方向，相比较而言是最简单直观的一种地形设计的方法。具体的设计方法为：用箭头标识出地面排水的方向，用等高线表示出地面对应的高程（如图 2-7）。从图中可以看出场地排水方向由高程高的地面向高程低的道路方向排水。

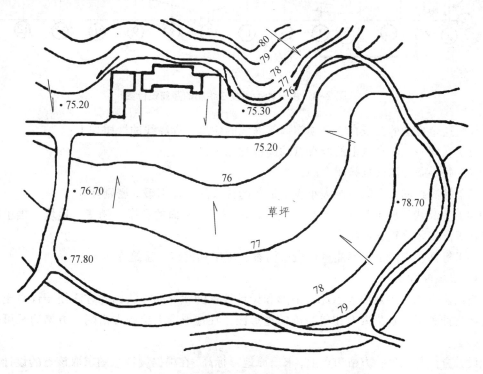

图2-7 用高程箭头法表示竖向地形

2）设计等高线法

等高线法是园林设计中最常使用的一种方法，在绘有原地形等高线的地形图上用等高线法进行地形改造设计，这种方法可以在同一张图纸上同时表达出原有地形和设计地形以及场地的平面布置和各个部分的高程关系。这种方法比较便于修改，也便于进一步的土方计算（如图 2-8）。

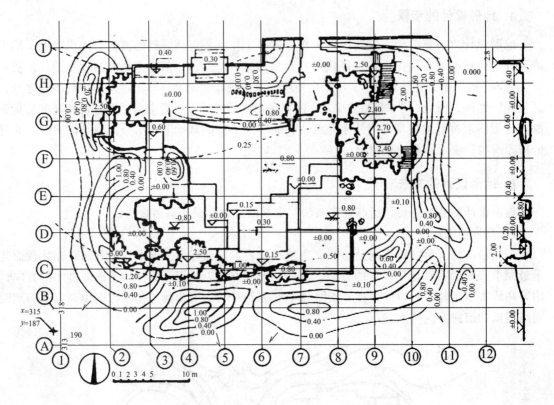

图 2-8　用设计等高线法绘制的竖向设计图

理解这个方法的关键在于必须掌握等高线的性质，等高线的性质如下：

（1）在同一条等高线上的所有点的高程都相等；

（2）每一条等高线都是闭合的；

（3）等高线的水平间距的大小表示地形的缓或陡，疏则缓，密则陡；

（4）等高线一般不相交或重叠，只有在垂直于地平面的悬崖、峭壁、地坎、挡土墙、驳岸等处等高线才会重合或相交；

（5）等高线在图纸上不能直接横过河谷、堤岸和道路、建筑等。

3）纵横断面法

断面法是用许多断面表示原有地形和设计地形的状况的方法，此方法便于计算土方量。但是运用此种方法首先要有比较精确的地形图，在地形图上绘制方格网，方格边长可依设计精度确定。

设计方法是在每一方格角点上，求出原地形标高，在根据设计意图求取该点的设计标高，再用各角点设计标高减去原地形标高，求得各点的施工标高，依据施工标高沿方格网的边线绘制出断面。从断面上可以了解各方格点上的原地形标高和设计地形标高，图纸便于土方量计算，也方便施工（如图 2-9）。

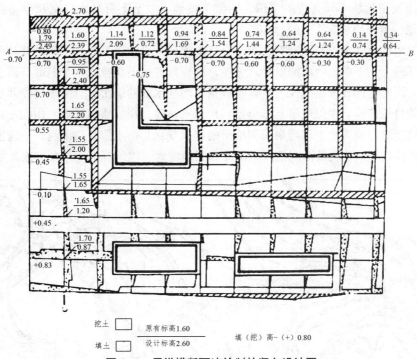

图2-9　用纵横断面法绘制的竖向设计图

4）模型法

模型法是一种对设计地形用材料和工具加以形象表达的方法，具有三维表现力，比较适用于起伏较大的地形。但是模型的制作比较费工费时，还需要专门的地方存放（如图2-10）。

图2-10　用模型法制作的北京奥林匹克公园模型

2.1.5　地形设计的范例及图纸识读

1. 地形设计范例

以杭州植物园山水园为例。山水园面积约 4 hm²，位于青龙山东北麓，是杭州植物园的一个局部，与"玉泉观鱼"景点浑然一体，地形自然多变，山明水秀。在建园之前，这里是一处山洼地，洼处是几块不同高程的稻田，两侧为坡地，坡地上有排水谷涧和少量裸岩，玉泉泉水流入洼地，出谷而去。

山水园的地形设计本着因地制宜，顺应自然的原则，将山洼处高低不等的几块稻田整理成两个大小不等的上、下湖，两湖间以半岛分隔。这样处理虽不如拉成一个湖面开阔，但却使岸坡贴近水面，同时这样处理也减少了土方工程量，增加水面的层次，且由于两湖间有落差，水声潺潺，水景自然多趣。湖周地形基本上是利用原有坡地、局部略加整理，山间小路适当降低路面，余土培于路两侧坡地上以增加局部地形的起伏变化。山水园有二溪涧，一通玉泉，一通山涧，溪涧处理甚好，这两条溪涧把园中湖面和四周坡地、建筑有机地结合起来（如图2-11）。

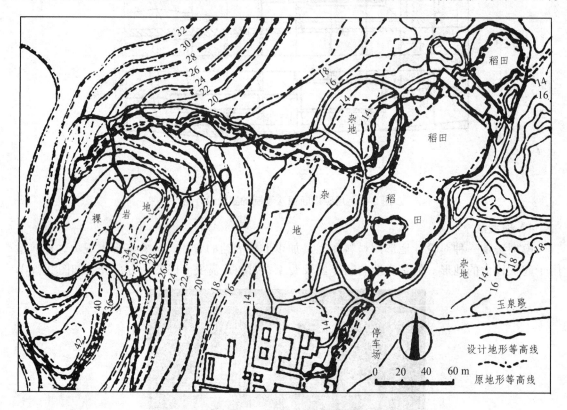

图2-11 杭州植物园山水园地形设计图

2. 地形设计图的识读要点

地形设计图所表示的等高线一般采用统一的图例，在识读前应在图纸上首先找到图例，在看清楚不同的图例代表的要素之后，再逐一去识读图纸。

（1）从图纸上可以看出图纸的比例尺、指北针、图例等基本要素。

（2）从地形设计图上可以看出园区内出入口、建筑、道路、停车场、各类用地的基本布局及各个要素之间的关系。

（3）从图上可以非常清楚地看出原地形等高线和设计地形等高线，清晰地反映出设计后对原始地形的调整。

（4）从图上可以通过设计地形等高线识读出园区设计后的场地标高。

（5）建筑、道路、场地等要素穿越等高线时，图纸上等高线应断开这些要素。

2.2　土方工程量的计算

土方量的计算一般根据园林工程要求精确的程度可分为估算和计算。通常情况下在规划阶段土方的计算只作比较粗略的估算即可，而到了施工图阶段土方工程量就要求比较精确的计算。计算土方工程量的方法常用的有估算法、断面法、方格网法几种。

2.2.1　估算法

在园林工程中不管是原地形或设计地形，经常会存在一些类似锥形、圆台等几何形体的地形单体，对于这类的地形单体的土方量可以通过计算几何体的体积来进行（如表2-3）。

表2-3　常用的几何体积公式

序号	几何名称	几何形状	体积公式
1	圆锥		$V=\pi r^2 h/3$
2	圆台		$V=\pi h\,(r_1^2+r_2^2+r_1 r_2)\,/3$
3	棱锥		$v=sh/3$
4	棱台		$v=h\,(S_1+S_2+\sqrt{S_1 S_2}\,)\,/3$
5	球缺		$V=\pi h\,(h^2+3r^2)\,/6$

注：V为体积；r为半径；S为底面积；h为高；r_1，r_2为分别为上下底半径；S_1，S_2为分别为上下底面积。

2.2.2　断面法

在园林工程中常用的断面法有垂直断面法和水平断面法两种，各自有适用的地形。

1）垂直断面法

垂直断面法适用于计算长条的单体，如路堤、沟渠等带状的山体。计算时将单体分割成许多相等的段，分别计算出各段的体积，再把各段相加起来。

2）水平断面法

水平断面法适用于大面积的自然山水地形的土方计算。计算时沿着等高线取断面，等高距即为两相邻断面的高。

2.2.3　方格网法

在造园的过程中，将原来高低起伏不平的地形按设计要求平整成为具有一定坡度的比较平整的场地，如广场、停车场、运动场地等，这类地块的土方计算最适宜计算方法就是方格网法。

基本设计程序如下：

（1）在原始地形图上绘制方格网格，园林工程中一般用 20~40 m 的方格网。

（2）在地形图上求出各角点的原始地形标高，并在图纸上标记出来。

（3）依据设计意图，确定各角点的设计标高。

（4）根据原始地形标高和设计标高之差求出施工标高。

（5）根据以上数据进行土方量计算。

2.3 土方施工

土方施工是整个园林工程施工阶段中非常重要的一个环节，土方施工的顺利实施直接影响到整个园林工程的顺利进行，土方施工要按照竖向设计及土方工程计算进行施工，并按照一定的施工顺序来进行施工组织，为保证施工顺利进行要提前做好相应的准备工作。

2.3.1 土方施工的准备工作

1. 现场勘查

施工的顺利进行离不开基础资料和相关数据的支撑，在进行正式的施工之前要详细了解场地的各项情况，包括场地的地形条件、水文条件、场地内部障碍物堆积情况及场地外部相邻的建筑物、地下基础、管线等情况。

2. 清理场地

在施工的场地范围内，凡是会影响工程开展或工程稳定的地面物或地下物都应该进行清理，如废旧的地上地下建构筑物，不需要保留的树木等。清除的时候要尽量清除干净，但是必须按照相应的技术规范来操作，如果在清理的过程中发现场地内有管线或其他的异物时要请有关部门协同查清，未查清前不可动工，以免发生危险或造成其他损失（如图 2-12）。

图 2-12　清除地表杂物

3. 排水

场地内有积水不便于施工，还容易影响工程质量，在土方施工前应该设法将施工场地范围内的积水排走。在排除积水时可根据施工区地形的特点在场地周围挖好排水沟，使场地内排水通畅，而且场外的水也不致流入场地内部（如图 2-13）。

图 2-13　开挖排水沟

4. 定点放线

清理完场地和将场地内的积水排除之后，为了确定施工范围及挖填土的标高，要按照设计图纸的要求，用测量仪在施工现场进行定点放线工作。平整场地的放线用经纬仪将图纸上的方格测设到地面上，并在每个角点处立桩木（如图 2-14）；自然地形的放线则应先在施工图上画方格网，再把方格网放到地面上，而后把设计地形等高线和方格网的角点逐一标到地面上（如图 2-15）。

图 2-14　平整场地定点放线

图 2-15　自然地形定点放线

2.3.2　土方施工的流程

土方工程施工的流程包括挖、运、填、压四个部分内容，其施工方法一般有人力施工、半机械化施工和机械化施工三种方式。根据工程量的大小及场地施工条件分别选取不同的施工方式。

1. 土方挖掘

土方开挖是工程初期和施工过程中的关键工序，是将土和岩石进行松动、破碎、挖掘的过程。土方挖掘包括人工挖掘和机械挖掘两种方式，施工前需根据工程规模和特性，地形、地质、水文、气象等自然条件选取选定开挖方式（如图2-16）。

2. 土方转运

一般土方应尽量就地平衡，这样可以尽可能减少土方的搬运量。根据土方转运量和距离的大小选择转运方式，运量小、距离近的可选择人工运土，运输距离较长则最好使用半机械化或机械化运土。转运之前要计划好运输的路线和明确运达的地点，以确保土方正常转运（如图2-17）。

3. 土方填筑

土方填筑要满足工程质量的要求，土壤的质量要根据填方的用途和要求加以选择。如填筑后作为建筑用地就要以地基的稳定为原则，但如果是作为绿化用地，则应考虑土壤满足种植植物的要求（如图2-18）。

4. 土方压实

土方压实同样可以分为人工压实和机械压实两种。无论采取何种方式，土方的压实都应保证土壤具有一定的含水量，这样能更好地确保土壤的压实质量（如图2-19）。

图2-16 土方挖掘

图2-17 土方转运

图2-18 土方填筑

图2-19 土方压实

2.3.3 土方工程实例及识图要点

1. 土方设计范例

某公园原始地形为高差 2.5 m 的一块基本平缓的自然地形,设计阶段为了满足功能上的考虑及游人游园活动的需要,拟将这块地面平整成为三坡向两面坡的"T"字形广场。要求广场具有 1.5%的纵坡和 2%的横坡,土方就地平整(如图 2-20)。

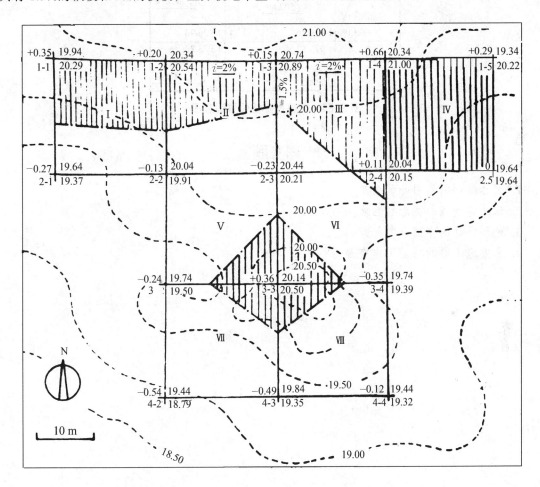

图 2-20　某公园广场挖填方区划图

2. 土方设计图的识读要点

土方设计图中划分的方格网格中表达了原地面标高、设计标高、填挖高度几个关键的高程要素,在识读的过程中首先要看懂这几个高程值的位置(如图 2-21),这一步是识读土方平整图关键的一步。

(1)从地形图中可以看出划分了南北方向的 20 m×20 m 的方格网,方格网的交点为角点。

(2)在方格网的各个角点处,可以清楚地看到每个角点的设计标高、原地面标高、填挖高度等值。其中,设计标高和原始地面高度均为正值,只有挖填高度会出现正负两种情况,其正值表示需要挖方,负值表示需要填方。

（3）图中保留的原始地形等高线，可以清楚地识读出场地土方的平整情况。

（4）图中根据零点的位置，看出每个方格网中挖方和填方的分区，其中空白区表示需要填方，虚线区表示需要挖方。

图 2-21　方格网标注位置适宜图

思考题

1. 园林地形的作用是什么？
2. 试述等高线的概念和性质。
3. 地形设计的方法有哪些？
4. 土方施工前的准备工作有哪些？

第3章 园路工程

【学习要点】

（1）了解园路的功能与分类；

（2）熟悉园路设计的一般方法；

（3）掌握园路施工程序及施工要点；

（4）掌握园路的识图要点。

3.1 园路的功能与分类

3.1.1 园路的功能

园路是组织和引导游人观赏景物的驻足空间，又是园林景观的组成部分，其蜿蜒起伏的曲线、丰富的寓意、精美的图案都给人以美的享受。园路与建筑、水体、山石、植物等造园要素一起组成丰富多彩的园林景观。园路不仅是园林景观的骨架与脉络，还是联系各景点的纽带，是构成园林景色的重要因素。园路的具体功能归纳为以下几方面：

1. 组织交通，构成景色

园路对游客的集散、疏导有重要作用，满足园林绿化、建筑维修、养护、管理等工作的运输需要，承担安全、防火、职工生活、餐厅、便利店等园务工作的运输任务。对于规模较小的公园，这些任务可综合考虑；对于大型公园，由于园务工作交通量大，有时可以设置专门的路线和入口。

园路优美的线条，丰富多彩的路面铺装，可与周围的山体、建筑、花草、树木、石景等物紧密结合，不仅是"因景设路"，而且是"因路得景"。所以园路可行可游，行游统一。

2. 组织空间，引导游览

园路既是园林分区的界线，又可以把不同的景区联系起来，通过园路的引导，将全园的景色逐一展现在游人眼前，使游人能从较好的位置去观赏景致。在公园中常常利用地形、建筑、植物或道路把全园分隔成各种不同功能的景区，同时又通过道路，把各个景区联系成一个整体。其中游览程序的安排，对中国园林来讲，是十分重要的，它能将设计者的造景序列传达给游客。园路正是起到了组织园林的观赏程序，向游客展示园林风景画面的作用。它能通过自己的布局和路面铺砌的图案，引导游客按照设计者的意图、路线和角度来游赏景物，从这个意义上来讲，园路是游客的导游者。

3. 组织排水，敷设管线

园路系统的设计是水电等工程的基础，直接影响到水、电等管网的布置。室外给水管道应沿道路平行于建筑敷设，宜敷设在人行道、慢车道或草底下，管道外壁距建筑物外墙的净距不宜小于 1 m，且不得影响建筑物的基础。室外给水管道与其他地下管线不得影响乔木，与之距离要符合最小净距的要求。排水管线尽量避免穿越地上和地下构筑物，一般沿道路、建筑物平行敷设。污水干管一般沿管路布置，不宜设在狭窄的道路下，也不宜设在无道路的空地上，而通常设在污水量较大或地下管线较少一侧的人行道、绿化带或慢车道下。

园路可以借助其路边缘成边沟组织排水，一般园林绿地都高于路面，方能实现以地形排水为主的原则，道路汇集两侧绿地径流之后，利用纵向坡度即可按预定方向将雨水排除。

3.1.2　园路的分类

园路根据划分的方法不同，可以有许多不同的分类，下面就按其功能、材料和结构类型介绍园路的 3 种分类形式。

1. 按其性质与功能分类

1）主要园路

主要园路是联系园内各个景区、主要风景点和活动设施的路，通过它对园内外景色进行剪辑，以引导游人欣赏景色。宽度为 4～6 m，一般不超过 6 m，大量游人所要进行的路线，如图 3-1 所示。

2）次要园路

次要园路是设在各个景区内的路，它联系各个景点，对主路起辅助作用。考虑到游人的不同需要，在园路布局中，还应为游人由一个景区到另一个景区开辟捷径。路面宽度常为 2～4 m，要求能通行小型服务用车辆，如图 3-2 所示。

图 3-1　主要园路

图 3-2　次要园路

3）游憩小路

游憩小路又叫游步道，引导游人更深入的到达园林各个角落。一般宽度为 1.2～2 m，小径也可为 1 m，主要供散步休息，是深入到山间、水际、林中、花丛供人们漫步游赏的路，如图 3-3 所示。

4）园务路

园务路是为便于园务运输、养护管理等的需要而建造的路。这种路往往有专门的入口，直通公园的仓库、餐馆、管理处、杂物院等处，并与主环路相通，以便把物资直接运往各景点。在有古建筑、风景名胜处，园路的设置应考虑消防的要求，如图 3-4 所示。

图 3-3　游步道

图 3-4　园务路

2. 按其路面使用材料的不同分类

1）整体路

整体路是指一次性连续铺筑而成的面层铺在基层上面形成的路面，包括各种水泥砂浆、细石混凝土、水磨石、沥青和三合土等铺筑而成的路面，如图 3-5 所示。

2）块材路

块材路是指利用各种块材镶铺在基层上面形成的路面，包括各种天然块石或各种预制块材铺装的路面，如图 3-6 所示。

图 3-5　整体路

图 3-6　块材路

3）碎料路

碎料路是指用各种不规则的碎料镶铺在基层上面形成的路面，包括各种碎石、瓦片、卵石等铺筑，组成图案精美、色彩丰富的各种纹理路面，如图 3-7 所示。

4）混合路

混合路是指由两种或两种以上的材料搭配使用镶铺在基层上面形成的路面，如图 3-8 所示。

图 3-7　碎料路

图 3-8　混合路

5）简易路

简易路是指由煤渣、沙石、夯土路面，多用于临时性或过渡性园路。

3. 按其结构类型的不同分类

1）路堑型园路

路堑型园路是指凡是路面低于周围绿地，道牙高于路面的园路，利用道路排水，如图 3-9 所示。

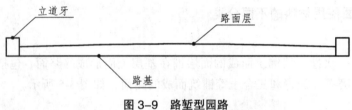

图 3-9　路堑型园路

2）路堤型园路

路堤型园路是指平道牙靠近边缘处，路面高于两侧地面的园路，利用明沟排水，如图 3-10 所示。

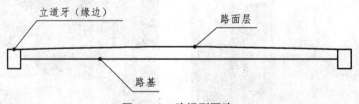

图 3-10　路堤型园路

3）特殊式园路

特殊式园路是指如步石、汀步、蹬道、攀梯等园路，如图 3-11、图 3-12 所示。

图 3-11　蹬道

图 3-12　汀步

3.2 园路的设计

园路是园林中的道路工程，包括园路布局设计、园路结构设计和园路铺装设计等三个部分。园路的设计要根据园林的地形、地貌、景点的分布等进行整体考虑，满足景观区域使用功能的要求，同时也要与周围环境相协调，统一规划。把握好因地制宜、主次分明、有明确方向性的基本原则。

3.2.1 园路的布局设计

西方园林多为规则式布局，园路笔直宽大，轴线对称，成几何形。中国园林多以山水为中心，园林也多采用自然式布局，园路讲究含蓄；但在庭园、寺庙园林或在纪念性园林中，多采用规则式布局。园路的布局应考虑以下几个方面：

1. 回环性

园林中的路多为四通八达的环行路，游人从任何一点出发都能遍游全园，不走回头路。

2. 疏密适度

园路的疏密度同园林的规模、性质有关，在公园内道路大体占总面积 10%～12%，在动物园、植物园或小游园内，道路网的密度可以稍大，但不宜超过 25%。

3. 因景筑路

园路与景相通，所以在园林中是因景得路。园路随地形和景物而曲折起伏，若隐若现，"路因景曲，境因曲深"，造成"山重水复疑无路，柳暗花明又一村"的情趣，以丰富景观，延长游览路线，增加层次景深，活跃空间气氛。

4. 多样性

园林中路的形式是多种多样的，在人流集聚的地方或在庭院内，路可以转化为场地；在林间或草坪中，路可以转化为步石或休息岛；遇到建筑，路可以转化为"廊"；遇山地，路可以转化为盘山道、磴道、石级、岩洞；遇水、路可以转化为桥、堤、汀步等。路又以它丰富的体态和情趣来装点园林，使园林又因路而引人入胜。

3.2.2 园路的结构设计

园路一般由面层、结合层、基层、路基和附属工程组成，如图 3-13 所示。

1. 面层

路面最上的一层，它直接承受人流、车辆的荷载和风、雨、寒、暑等气候作用的影响。因此要求坚固、平稳、耐磨，有一定的粗糙度，少尘土，便于清洁，体现地面景观效果。

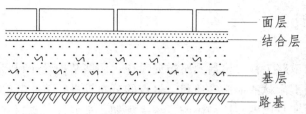

图 3-13　园路的组成

2. 结合层

采用块料铺筑面层时在面层和基层之间的一层，用于结合面层和基层，同时还起到找平的作用，一般用 3～5 cm 粗砂、水泥砂浆或白灰砂浆铺筑而成。

3. 基层

在路基之上，它一方面承受由面层传下来的荷载，另一方面把荷载传给路基。因此，要有一定的强度，一般用碎（砾）石、灰土或各种矿物废渣等筑成。

4. 路基

路基即路面的基础，它为园路提供一个平整的基面，承受路面传下来的荷载，并保证路面有足够的强度和稳定性。如果土基的稳定性不良，应采取措施，以保证路面的使用寿命。

5. 附属工程

根据需要，有时还需要进行附属工程的设计，附属工程一般包括道牙、明沟、雨水井、台阶、礓磜、种植池等。

（1）道牙是指安置在路面两侧，使路面与路肩在高程上衔接起来，并保护路面的构造。一般分为立道牙和平道牙两种形式，如图 3-14 所示。

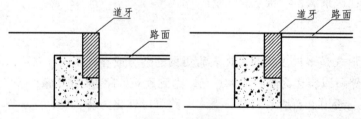

图 3-14　道牙

（2）明沟和雨水井是为收集路面雨水而建的构筑物，在园林中常用砖块砌成。

（3）台阶：当路面坡度超过 12°时，为方便行走，在不通行车辆的路段上，可设台阶。台阶的宽度与路面相同，每级台阶的高度为 12～17 cm，宽度为 30～38 cm，每 10～18 级后设一段平台。在园林中，台阶可用天然山石、木纹板、树桩等各种形式装饰园景。

（4）礓磜是指为增加坡道、斜道的摩擦力，在坡道、斜道上用砖石露挂侧砌筑或用混凝土浇筑成锯齿形的面层，可以防滑，一般用于室外，如图 3-15 所示。

（5）种植池：在路边或广场上栽种植物，一般应留种植池，在栽种高大乔木的种植池周围应设保护栅。

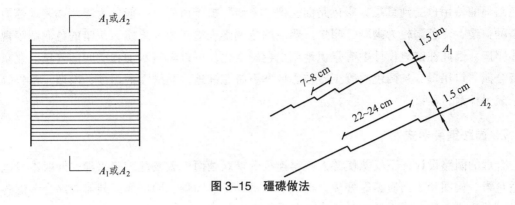

图 3-15　礓䃰做法

3.2.3　园路的铺装设计

1. 园路铺装要求

中国自古对园路面层的铺装就很讲究，长期以来，中国古典园林在园路面层设计上形成了特有的风格，具体来说有下述要求：

1）寓意性

中国园林强调"寓情于景"，在面层设计时，有意识地根据不同主题的环境，采用不同的纹样、材料来加强意境。路面上铺以寓言故事、民间剪纸、文房四宝、吉祥用语、花鸟虫鱼、戏剧场面等为题材的图案，还用各种"宝相"纹样铺地。如：用荷花象征"出污泥而不染"的高洁品德；用忍冬草纹象征坚忍的情操；用兰花象征素雅清幽，品格高尚；用菊花的傲雪凌霜象征意志坚定。苏州拙政园海棠春坞前的铺地选用万字海棠的图案。北京植物园牡丹园葛巾壁前的广场铺地，采用盛开的牡丹花图案。

园林铺地是路面铺装的扩大，包括广场（含休息岛）、庭院等场地的铺装。如江南古典园林中的"花街铺地"用砖、卵石、石片、瓦片等，组成四方灯锦、海棠芝花、攒六方、八角橄榄景、球门、长八方等多种多样图案精美和色彩丰富的地纹，其形如织锦，颇为美观。

2）装饰性

园路既是园景的一部分，应根据景的需要作出设计，路面或朴素、粗犷；或舒展、自然、古拙、端庄；或明快、活泼、生动。园路以不同的纹样、质感、尺度、色彩，以不同的风格和时代要求来装饰园林。如杭州三潭印月的一段路面，以棕色卵石为底色，以橘黄、黑两色卵石镶边，中间用彩色卵石组成花纹，显得色调古朴，光线柔和。

中国新园林的建设，继承了古典园路铺地设计中讲究韵律美的传统，并以简洁、明朗、大方的格调，增添了现代园林的时代感。具体要求是：

（1）路面应有柔和的光线。

用各种条纹、沟槽的混凝土砖铺地，在阳光的照射下，能产生很好的光影效果，不仅具有很好的装饰性，还减少了路面的反光强度，提高了路面的抗滑性能。

（2）路面应有独特的色彩。

大面积的地面铺装，会带来地表温度的升高，造成土壤排水、通风不良，对花草树木的生长不利。目前除采用嵌草铺地外，各种透水、透气性铺地材料的研究工作正在开展，各种彩色路面的使用也受到重视。彩色路面能把"情绪"赋予风景。一般认为暖色调表现热烈、兴奋的情绪，冷色调较为幽雅、明快。明朗的色调给人清新愉快之感，灰暗的色调则表现为沉稳宁静。因此在铺地设计中有意识地利用色彩变化，可以丰富和加强空间的气氛。北京紫竹院公园入口用黑、灰两色混凝土砖与彩色卵石拼花铺地，与周围的门厅、围墙、修竹等配合，显得朴素、雅致。

2. 园路铺装形式

合理的园路设计，不仅能使游人获得连续的景观画面，激发起游览兴趣，同时本身也可通过色彩、构图和表面质感等处理，构成了一道独特的园景。园路的铺装需要综合考虑各项因素，其形式多种多样，下面介绍9种常用的铺装形式。

1）花街铺地

以规整的砖为骨，和不规则的石板、卵石、碎瓷片、碎瓦片等废料相结合，组成色彩丰富、图案精美的各种地纹，如：人字纹、席纹、冰裂纹等。

2）卵石路面

采用卵石铺成的路面，具有耐磨性好、防滑，具有活泼、轻快、开朗等风格特点。

3）雕砖卵石路面

它又被誉为"石子画"，它是选用精雕的砖、细磨的瓦或预制混凝土和经过严格挑选的各色卵石拼凑成的路面，图案内容丰富，是我国园林艺术的杰作之一。

4）嵌草路面

把天然或各种形式的预制混凝土块铺成冰裂纹或其他花纹，铺筑时在块料间留 3 cm 至 5 cm 的缝隙，填入培养土，然后种草。如：冰裂纹嵌草路、花岗岩石板嵌草路、木纹混凝土嵌草路、梅花形混凝土嵌草路。

5）块料路面

它是以大方砖、块石和制成各种花纹图案的预制水泥混凝土砖等筑成的路面。这种路面简朴、大方、防滑、装饰性好。如：木纹板路、拉条水泥板路、假卵石路等。

6）整体路面

它是指用水泥混凝土或沥青混凝土、彩色沥青混凝土铺成的路面。它平整度好，路面耐磨，养护简单，便于清扫，多于主干道使用。

7）步石

在绿地上放置一块至数块天然石或预制成圆形、树桩形、木纹板形等铺块，一般步石的数量不宜过多，块体不宜太小，两块相邻块体的中心距离应考虑人的跨越能力的不等距变化。步石易与自然环境协调，能取得轻松活泼的景观效果。

8）汀石

它是在水中设置的步石，汀石适用于窄而浅的水面。

9）蹬道

它是局部利用天然山石、露岩等凿出的或用水泥混凝土仿木树桩、假石等塑成的上山的蹬道。

3.3 园路施工

园路的施工是园林施工的一个组成部分，园路施工除了在基本工序和基本方法上与一般城市道路相同之外，还有一些特殊的技术要求和具体方法。园路工程的重点在于控制好施工面的高程，并注意与园林其他设施的有关高程相协调。施工中，园路路基和路面基层的处理只要达到设计要求的牢固和稳定性即可，而路面面层的铺装，更加强调质量方面的要求。园林广场的施工也与园路大同小异，园林广场施工参照园路的方式方法进行。下面介绍园路的施工程序、施工技术要点和一些规范要求。

3.3.1 施工前的准备

施工前的准备必须综合现场情况，考虑流水作业，做到有条不紊。否则，在开工后造成人力、物力的浪费，或者造成施工停歇。施工前的准备工作，一般包括技术条件准备、物资条件准备、施工组织准备和施工现场准备。

1. 技术条件准备

技术准备是施工前准备的核心，由于任何技术的差错或隐患都可能引起人身安全和质量事故，造成返工、延误工期等财产和经济的巨大损失，因此为了顺利进行施工，建设成符合设计要求的园路工程，在拟建工程开工前，必须认真地做好技术准备工作。

1）做好施工现场调查工作

（1）现场底层土质情况调查。

（2）各种物资资源和技术条件的调查。

2）做好与设计的结合工作

（1）熟悉设计文件。

从事施工技术和经营管理的工程技术人员全面熟悉和掌握设计文件的内容，领会设计意图，这是技术准备的一个重要内容，以便更好地指导施工。掌握园路的基层构造、面层铺装的特点及技术要求，以及成景的关键部位与整个公园和绿地建设的关系；注意设计文件中的各项技术指标，检查各专业之间的预埋管道、管线的尺寸、位置、埋深等是否统一或遗漏，提出设计疑问、有误和不妥之处，以及有利于施工的合理化建议。

（2）进行技术交底。

工程开工前，技术部门组织施工人员、质安人员、班组长进行交底，针对施工的关键部位，施工难点以及质量、安全要求、操作要点及注意事项等进行全面的交底，各班组长接受交底后组织操作工人认真学习，要求落实在各施工环节。

（3）工程造价的计算数据和方法。

要仔细校对，不但要注意工程总造价，更要注意分项造价。

2. 物资条件准备

据现场施工进度的安排和需要量，及时提供现场所需材料，组织分期分批进场，按规定的地点和方式进行堆放，以防因为材料短缺而造成停止。材料进场后，应按规定对材料进行试验和检验。

3. 施工组织准备

（1）建立健全现场施工管理体制。

（2）现场设施布置应合理、具体、适当。

（3）劳动力组织计划表。

（4）主要机构计划表。

4. 施工现场准备

施工现场是施工全体有节奏、均衡连续地进行施工的活动空间。施工现场的准备工作实质上是整个园林景观工程建设的现场准备工作，而园路铺装只是其中的一部分。开工前施工现场准备工作要迅速做好，以利于工程有秩序地按计划进行。所以现场准备工作进行的快慢，会直接影响工程质量和施工进展，现场开工前应将以厂主要工作做好：

1）做好施工现场的控制网测量

按照设计单位提供的景观工程施工图纸及给定的永久性坐标控制网和水准控制基桩，进行施工测量，设置施工现场永久性坐标桩，水准基桩和工程测量控制网。

2）做好"四通一清"，设置消火栓

"四通一清"是指水通、电通、道路通畅、通信通畅和场地清理。按照消防要求，设置足够数量的消火栓。

（1）水通。

水是施工现场的生产和生活用水的关键，开工后应在现场续接一些水管和水龙头，保证施工、生活的用水。在园路施工一侧开挖临时排水沟，保证雨水天不积水，以防止对园路基层造成侵蚀。在适当的地方设置沉淀池以及一些排水管和沟渠，施工生产、生活废水排入沉淀池，经沉淀后在排入市政管网中。应在施工现场创造一个良好的给排水系统，确保施工的顺利进行。

（2）电通。

电是施工现场的主要动力来源，特别是对园路铺装工程，有大量的石材切割作业，工程开工前，要按照施工计划的要求，配备一些电箱和照明电器。

（3）道路通畅。

施工现场的道路是组织物资运输的动脉，工程开工前必须按照施工总平面图的要求，修好施工现场的永久性道路以及必要的临时性道路，形成完整通畅的运输网络，为各种材料与机具的进场、堆放创造有利条件。如果现场上有永久性道路，那么可以先做永久性道路的基层，基层做完后，可以作为施工便道利用。但是要做好保护工作，在工程结束前，快速进行路面层的铺装。

（4）通信畅通。

施工现场应有一定的通信设施，保证施工过程中的通信，以及应付突发事件。

（5）场地清理。

场地清理主要是地形整造，根据设计规定标高进行适当的填、挖，整平施工需要的场地。

3）建造临时设施

按照施工总平面布置，建造临时设施，为正式开工准备好生产办公生活和储存等临时用房。

4）安装、调试施工机具

按照施工机具需要计划，组织施工机具进场，根据施工总平面图将施工机具安置在规定的地点或仓库。对于固定的机具要进行就位、搭棚、保养和调试等工作。对于所有施工机具必须在开工之前进行检查和试运转。

5）做好园林铺地及园路工程的铺装材料的堆放

按照施工进度计划组织铺装材料的进场，并做好保护工作。

6）及时提供建筑材料的试验申请计划

按照建筑材料的需要量计划，技术提供建筑材料的实验申请计划。比如：混凝土或砂浆的配合比和强度等试验，水泥原料的复试等。

7）做好雨期施工安排

按照施工组织设计的要求，落实雨期施工的轮式设施和技术措施。

3.3.2　施工放线与测量

1. 作业条件

（1）施工测量作业条件、管网图等资料齐备、测量仪器经校检完好齐备。

（2）施工现场已平整好，地面障碍物已清除；规划红线界桩已投放，保存完好。

（3）测量员已事先熟悉规划红线图和总平面图，规划红线的间距符合当地城市规划要求，已算出园路各特征点与规划红线之间的距离尺寸并正确标注在总平面图上。

2. 定位放线依据

根据建筑设计总平面布置图确定平面控制方案和施测精度，以规划部门指定的建筑红线桩，国家高程标准桩及现场放点进行现场轴线控制网和标高控制点的引测。

3. 平面控制网的测设

（1）场区平面控制网布设原则。

平面控制网应先从整体考虑，遵循先整体、后局部，高精度控制低精度的原则。

（2）平面控制网的精度。

分布散框架剪力墙结构，按一级方格网控制即可满足施工要求。

（3）主轴线控制桩的建立。

根据建筑物平面形状的特点，利用给定现场放点定出主控轴线。定位放线时精确测出控制轴线网，并将标桩设在即便于观测又不易遭到破坏地方加以固定、保护。

（4）主轴线控制网的建立。

定出主轴线控制网以后，依据基础平面图采用直角坐标定位放样的方法加密出建筑物其他主轴线，经角度、距离校测符合点位限差要求后，布设建筑物平面矩形控制网。

4. 工艺流程

（1）根据图纸算出各物特征点与红线控制（点）间的距离、角度、高差等放样数据。

（2）依据线控制的桩（点），确定并布设施工控制网。

（3）依据施工控制网，测设园路的主轴线。

（4）园路的定位放线以总平面图、红线图为依据，采用网点控制。

3.3.3 修筑路槽

路槽是为铺筑路面而在路基上按要求构筑的浅槽，以便把路面材料铺到槽里，经碾压而使路面成型。路槽断面形式有挖槽式、培槽式和半挖半培式三种，修筑时可由机械或人工进行。在施工过程中，对已构筑成的路槽要注意排水，以免影响路基的稳定性。

1. 挖槽式

挖槽是指把路基中间的土挖除，开挖到土路基的设计标高，形成路槽，将挖除的土弃掉，开挖宽度按设计横断面尺寸要求。

挖槽式施工程序为：测量放线→放平桩→开挖→整修→碾压。

2. 培槽式

培槽是在路基的两侧用土堆形成两条路肩形成路槽，为挡住按图要求的填料不往旁边溜走，夯实时约束填料层的侧面。使用这种方法，可以利用整形时的余土或预留土来堆填。

培槽式施工程序：测量放样→培肩→碾压→恢复边线→清槽→整修→碾压。

3. 半挖半培式

半挖半培式是指将路槽开挖到土路基设计深度的 1/2，把挖出的土修成路肩。半挖半培式施工程序与挖槽式基本相同。

3.3.4 基层施工

根据设计要求准备铺筑的材料，铺筑时一般实厚 15 cm，根据土壤情况虚铺厚度。以下介绍几种常用的基层材料。

1. 干结碎石

基层是指在施工过程中不洒水或少洒水，依靠充分压实及用嵌缝料充分嵌挤，使石料间紧密锁结所构成的具有一定强度的结构，一般厚度为 8～16 cm，适用于园路中的主路等。

2. 天然级配砂砾

天然级配砂砾是用天然的低塑性砂料经摊铺整性，并适当洒水碾压后形成的具有一定密实度和强度的基层结构。它的一般厚度为 10～20 cm，若厚度超过 20 cm 应分层铺筑。适用于园林中各级路面，尤其是有荷载要求的嵌草路面，如草坪停车场等。

3. 石灰土

在粉碎的土中，掺入适量的石灰，按着一定的技术要求，把土、灰、水三者拌和均匀，在最佳含量的条件下压实成型的这种结构称为石灰土基层。石灰土力学强度高，有较好的整体性、水稳性和抗冻性。它的后期强度也高，适用于各种路面的基层、底基层和垫层。为达到要求的压实度，石灰土基一般应用不小于 12 t 的压路机或其他压实工具进行碾压。每层的压实厚度最小不应小于 8 cm，最大也不应大于 20 cm。若超过 20 cm，应分层铺筑。

4. 煤渣石灰土

煤渣石灰土也称二渣土，是以煤渣、石灰（或电石渣、石灰下脚）和土三种材料，在一定的配比下，经拌和压实而形成强度较高的一种基层。

煤渣石灰土具石灰土的全部优点，同时还因为它有粗粒料做骨架，所以强度、稳定性和耐磨性均比石灰土好。另外，它的早期强度高还有利于雨季施工。煤渣石灰土对材料要求不大严，允许范围较大。一般最小压实厚度应不小于 10 cm，但也不宜超过 20 cm，大于 20 cm 时应分层铺筑。

5. 二灰土

二灰土是以石灰、粉煤灰与土按一定的配比混合，加水拌匀碾压而成的一种基层结构，它具有比石灰土还高的强度，有一定的板体性和较好的水稳性。二灰土对材料要求不高，一般石灰下脚和就地土都可利用，在产粉煤灰的地区均有推广的价值。这种结构施工简便，既可以机械化施工，又可以人工施工。

3.3.5　面层施工

在完成的路面基层上，重新定点、放线，每 10 m 为一施工段，根据设计标高、路面宽度定放边桩、中桩，打好边线、中线。设置整体现浇路面边线处的施工挡板，确定砌块路面的砌块列数及拼装方式，面层材料运入现场。

1. 块材面层

面层铺筑时块材应轻轻放平，用橡胶锤敲打稳定，不得损伤块材的边角；如发现结合层不平时应拿起块材重新用砂浆找齐，严禁向材料底填塞砂浆或支垫碎砖块等。采用橡胶带做伸缩缝时，应将橡胶带平正直顺紧靠面层材料。铺好块材后应沿线检查平整度，发现块材有移动现象时，应立即修整，最后用干砂掺入 1∶10 的水泥，拌和均匀，将块材缝灌注饱满，并在面层泼水，使砂灰混合料下沉填实。

2. 碎料面层

铺卵石路一般分预制和现浇两种，现场浇筑方法是先垫 75 号水泥砂浆 3 cm，再铺水泥素浆 2 cm，等素浆稍凝，即用备好的卵石，一个个插入素浆内，用抹子压实，卵石要扁、圆、长、尖，大小搭配。根据设计要求，将各色石子插出各种花卉、鸟兽图案，然后用清水将石子表面的水泥刷洗干净，第二天可再以水重的 30%掺入草酸液体，洗刷表面，则石子颜色鲜明。铺装的养生期不得少于 3 天，在此期间内应严禁行人、车辆等走动和碰撞。

3.3.6 道牙、边条、槽块施工

道牙基础宜与地床同时填挖碾压，以保证有整体的均匀密实度。结合层用 1∶3 的白灰砂浆 2 cm。安道牙要平稳牢固，后用 M10 水泥砂浆勾缝，道牙背后要应用灰土夯实，其宽度为 50 cm，厚度为 15 cm，密实度为 90 %以上。

边条用于较轻的荷载处，且尺寸较小，一般 5 cm 宽，15 ~ 20 cm 高，特别适用于步行道、草地或铺砌场地的边界。施工时应减轻它作为垂直阻拦物的效果，增加它对地基的密封深度。边条铺砌的深度相对于地面应尽可能低些。

槽块分凹面槽和空心槽块，一般紧靠道牙设置，以利于地面排水，路面应稍高于槽块。

3.4 园路工程实例及识图要点

园林工程施工图纸是设计意图最直观的表达，是园林工程施工的技术语言，正确识读有助于直观地理解设计意图，指导施工组织设计和进行工程预算。

3.4.1 园路工程图纸概述

1. 园路施工图的内容

园路的构造要求基础稳定、基层结实、路面铺装自然美观。园路、广场施工图是指导园林道路施工的技术性资料，能够清楚地反映园林路网和广场布局，一份完整的园路、广场施工图纸主要包括以下内容：园路系统平面图、园路剖面图、铺装详图、园路透视效果图。

1）园路系统平面图

园路系统平面图应表明建设范围内园路、广场的布置情况，包括园路广场的平面形状，园路的布置与建筑、小品、植物的相互关系。

2）铺装平面图

铺装平面图应表明具体园路、广场的铺装情况，如园路广场的铺装形式，园路的布置与建筑、小品、植物的相互关系。

3）铺装详图

为了清楚地反映出重点部位的铺装设计，便于施工，通常要作铺装详图，即铺装局部放大图，主要是重点结合部位以及路面花纹的放大。

4）剖面图

为了直观反映出园路、广场的结构以及做法，在园路广场施工图中通常要作剖面图。

5）作法说明

（1）放线依据。

（2）路面强度、路面粗糙度。

（3）铺装缝线允许尺寸，以 mm 为单位。

2. 园路施工图的特点

（1）园路施工图，主要是用正投影法绘制的，园路形体较大，图纸幅面有限，所以施工图一般都用缩小的绘图比例绘制，平面、剖面可以分别单独绘制。

（2）在用缩小比例绘制的施工图中，对于一些细部构造、配件及卫生设备等就不能如实画出，所以多采用统一规定的图例或代号来表示。

（3）施工图中的不同内容，采用不同规格的图线绘制，选取规定的线型和线宽，用以表明内容的主次和增加图面效果。

3.4.2　园路系统平面图

园路系统平面图的内容一般包括：

（1）道路、广场总体概况：平面形状、位置、与周围地物的关系。

（2）路面总宽度及尺寸。

（3）指北针。

（4）图纸的比例尺一般为 1：500～1：1 000。如图 3-16 和表 3-1 所示。

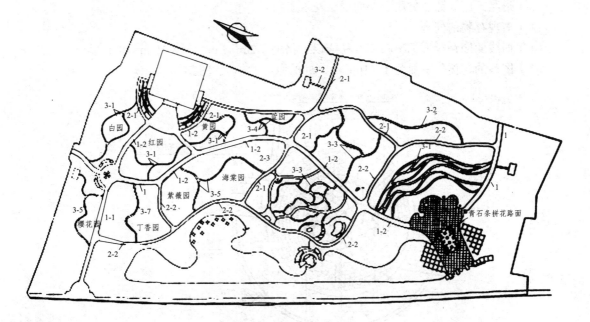

图 3-16　园路系统平面图

表 3-1　园路系统数据

道路	代号	幅宽/m	材料
主干道	1-1	4.5	混凝土路面
主干道	1-2	4.5	片石青石拼花路面
次干道	2-1	2.5	卵石片石拼花路面
次干道	2-2	2.5	卵石片石拼花路面
小径	3-1	1.2	片石冰纹路面
小径	3-2	0.8	片石冰纹路面
小径	3-3	0.8	青石卵石拼花路面
小径	3-4	0.8	卵石拼花路面
小径	3-5	0.8	嵌草路面
小径	3-6	0.8	纹花砖镶卵石路面
小径	3-7	0.8	块石汀步路面
小径	3-8	0.8	白砂路面
小径	3-9	0.8	圆木镶白卵石路面

3.4.3　铺装平面图

铺装平面图的内容一般包括：

（1）道路、广场放线起点及其坐标。

（2）道路、广场与周围构筑物、花坛、树穴、地上地下管线距离尺寸及对应标高。

（3）路面及广场高程、路面纵向坡度、路中标高、广场中心及四周标高、排水方向。

（4）道路、广场铺装材质、路面面层花纹。

（5）对现存物的处理。

（6）曲线的园路线形标出转弯半径或以方格网（2 m×2 m）～（10 m×10 m）。

（7）图纸的比例尺一般为1：100～1：500，如图3-17、图3-18所示。

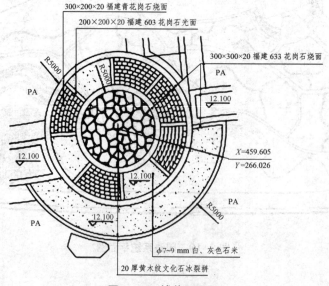

图 3-17　铺装平面图

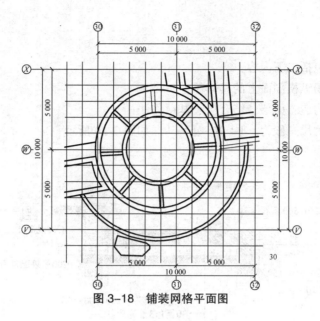

图 3-18 铺装网格平面图

3.4.4 铺装详图

铺装详图的内容一般包括:

（1）路面宽度及细部尺寸。

（2）路面面层花纹。

（3）侧石、花池、雨水口位置、详图或注明标准图索引号。

（4）侧石与路面结合部作法、侧石与绿地结合部高程作法。

（5）异型铺装与侧石衔接处理。

（6）正方形铺装块折点、转弯处作法。

（7）图纸的比例尺一般为 1:20 ~ 1:100，如图 3-19 所示。

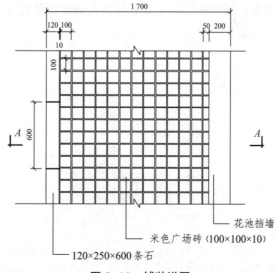

图 3-19 铺装详图

3.4.5 剖面图

剖面图的内容包括以下内容：

（1）路面、广场纵横剖面上的具体尺寸。

（2）路面细部构造：面层、结合层、基层作法。

（3）图纸的比例尺一般为：1：20～1：50。如图3-20所示。

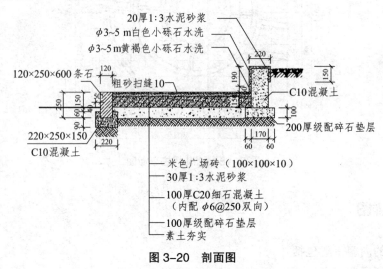

图3-20 剖面图

思考题

1. 园路是园林景观的骨架与脉络，请简述园路的功能与种类。

2. 园路的设计应从哪三个方面把握？请详述。

3. 简述园路施工的流程。

4. 什么是园路施工图？包括哪些图纸？

5. 简述园路系统平面图、铺装平面图、铺装详图及剖面图的内容及用途。

第 4 章　水景工程

【学习要点】

（1）水体的在园林中功能与分类；

（2）水池工程与识图；

（3）驳岸与护坡工程与识图；

（4）喷泉工程与识图。

4.1　水体在园林中的功能与分类

4.1.1　水体在园林中的功能

在园林众多要素中，水体、山石与造园的关系最密切，尤其在中国传统造园领域，山水园是一种基本形式。"一池三山"已成为中国山水园的基本规律，大到颐和园的昆明湖，以万寿山相依，小到"一勺之园"，也必有岩石相衬托。所谓"清泉石上流"也是由于山水相依而成景的。

园林中，无论作为主景、配景或小景的水体，也会借助植物来丰富景观。水中、水旁园林植物的姿态、色彩所形成的倒影，均加强了水体的美感，有的绚丽夺目、五彩缤纷，有的则幽静含蓄、色调柔和。本章主要介绍园林水景工程的相关知识，而假山等相关内容将在后面的章节讲解。

4.1.2　水体在园林中的分类

园林水体的景观形式非常丰富多彩，设计手法既要模仿自然，又要有所创新，高于自然。自然界中有江河、湖泊、瀑布、溪流和涌泉等自然景观，因此，水体设计中的水就有平静的、流动的、跌落的和喷涌的四种基本形式。以水体存在的形态来划分，水体景观主要有四种的类型。

1）静水

水面自然，相对静止，不受重力及压力的影响，称为"静水"，园林中成片汇集的水面形成静水，最为常见的形式有水池和湖泊。水池按按形状可分为自然式和规则式，我国古典园林偏爱自然式的水池，池岸的形状以曲折为佳，使人感到意犹未尽。相反，西方国家的园林布局规则，其水景处理也不例外。水池从用途上又分为观赏水池和游泳池两种，观赏水池在一定程度上扩展了空间，水边的景物在水面形成倒影，水中的锦鲤游动嬉戏，虚虚实实，颇有生气，而游泳池则作为娱乐之用。

2）流水

水体因重力而流动，形成各种各样溪流、漩涡等，称为"流水"。流动水体可以减少藻类滋生，加速水质的净化。园林中常以流水来模拟河流、山涧小溪等自然形态。自然界的河流水流平缓，形如带状，可长可短，可直可弯，有宽有窄，有收有放。为模拟这种自然的形态，园林中常用弯曲的河道来表现，河岸多为土质，可种植亲水的植物。岸边可设观水的水榭、长廊、亲水平台等建筑，局部可以修建成台阶，延伸入水中，增加人与水接触的机会。水上宽广处可划船，狭窄处可架桥或设汀步。

3）落水

水体在重力作用下从高处落下，形成各种各样的瀑布、水帘等，称为"落水"。具体说来有瀑布、叠水、壁泉等类型。

4）喷水

水体经过细窄的喷头，在压力的作用下，喷涌而出，形成各种各样的喷泉、涌泉、喷雾等，称为"喷水"。喷水让水体循环使用，可以净化水质，最为常见的是喷泉水景组合。经过多年的发展，现在已经逐步发展为几大类：音乐喷泉、程控喷泉、旱地喷泉、跑动喷泉、光亮喷泉、趣味喷泉、激光水幕电影、超高喷泉等。

5）综合应用

水体设计中往往不止使用一种方法，可以以一种形式为主，其他形式为辅，也可以将几种形式相结合。静水、流水、落水和喷水，水体的这四种基本形态实际上就是自然界中水体的运动过程。即水从源头喷涌而出，流入静止的水潭，因地势高低不同而流动，遇到地形突然变化而跌落形成瀑，会有一气呵成之感。

4.2 水池工程

4.2.1 水池的分类

在现代水景设计中，人们到处可看到水景水池与园林景物浑然一体的和谐画面。水池的广泛应用，不仅美化了环境，净化空气，愉悦了大家的身心，还可以调节气候环境。人造水池分四大类：

1）水池

水景专用的水池尺寸应根据建设地点的环境、地貌以及水景规模与种类，经过水力计算决定。

2）旱池

旱喷喷泉的水池属地下水槽，其形状随喷泉的水形组合而定，水槽有效容积决定于循环流量。

3）水旱池

水旱池是在同一池体中将水池与旱池相结合的产物，它同时具有二者的特征。北京展览馆前面的喷泉水池是典型的水旱池，其最外圈有 16 个连成一体的莲花水池，根据设计要求：莲花水池有一厚度为 10 cm 的水层，一方面莲花池中的各喷头在喷水时具有涌泉效果；另一方面可供人们嬉水用。花水池的里圈，是一个装饰豪华的旱池喷泉。为实现莲花池的功能，采用了以下措施：

（1）在距离莲花池底 10 cm 处设置溢水口。

（2）专门设计具有止回水功能的专用喷嘴。

（3）用零压电磁阀作为莲花池的泄水阀用来泄水。

当供水泵启动时，莲花池注水，到规定水位后自动溢水，喷泉启动，达到涌泉效果；电磁阀泄水后，具有旱池效果。

（4）江、河、湖、海中喷泉安装平台：即利用天然水体库及水库作为水景的水池。

很多城市依山傍水，所以在兴建喷泉工程的时候可以适当考虑用自然水体作为喷泉的天然水池。这就涉及自然水体中安装平台的设计与施工。自然水体中喷泉的安装平台可以分为固定式、漂浮式、升降式（浮筒升降、卷扬机升降、水压升降、电动升降、手动升降），其中广为业内人士应用的形式为漂浮式。

4.2.2　水池设计及施工过程

水池设计包括平面设计、立面设计、剖面结构设计、管线设计等。

（1）水池的平面设计显示水池在地面以上的平面位置和尺寸，水池平面可以标注各部分的高程，标注进水口、溢水口、泄水口、喷头、集水坑、种植池等的平面位置以及所取剖面的位置等内容。

（2）水池的立面设计反映主要朝向立面的高度和变化，水池的深度一般根据水池的景观要求和功能要求而定。水池池壁顶面与周围的环境要有合适的高程关系，一般以最大限度地满足游人的亲水性为原则。池壁顶除了使用天然材料来表现其天然特性外，还可使用规整形式，加工成平顶或挑伸，或中间折拱、曲拱，或向水池一面倾斜等多种形式。

（3）水池的剖面设计应从地基至池壁顶注明各层的材料和施工要求。剖面应有足够的代表性，若一个剖面不足以反映时，可增加剖面。

（4）水池管线设计中的基本管线包括给水管、补水管、泄水管、溢水管等。有时给水管与补水管使用同一根管子，给水管、补水管和泄水管为可控制的管道，以便更有效地控制水的进出。溢水管为自由管道，不加闸阀等控制设备，以便保证其畅通。对于循环用水的溪流、跌水、瀑布等，还包括循环水的管道。对配有喷泉、水下灯光的水池还存在供电系统设计问题。

4.2.3　水池设计实例及识图要点

刚性水池主要指钢筋混凝土和砖石修建的刚性结构的水池。这类水池在园林中最为常见。一般由池底、池壁、池顶、进水口、泄水口、溢水口等组成。池底为保证不漏水，宜采用防水混凝土，如 C10 混凝土，厚 200～300 mm。为防止裂缝，应适当配置钢筋，如钢混凝土：

$\phi 8 \sim 12$、@200、C15 $\sim$ C20 混凝土，厚 100 $\sim$ 150 mm。大型水池还应考虑适当设置伸缩缝、沉降缝（每隔 10 $\sim$ 25 m 设伸缩缝一道，缝宽 20 $\sim$ 25 mm）这些构造缝应设止水带，用柔性防漏材料填塞。为便于泄水，池底须具有不少于 5‰ 的坡度。

池壁起围护作用，要求防水，分内壁和外壁，内壁做法类同池底，并同池底浇注为一整体。图 4-1 为水池常用图例，图 4-2 为水池结构示意图。

（a）图例表示雕塑　　　（b）图例表示花台　　　（c）图例表示坐凳

图 4-1　水池常用图例

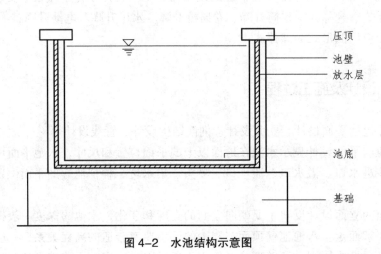

图 4-2　水池结构示意图

4.3　驳岸与护坡

4.3.1　驳岸的功能和分类

驳岸建于水体边缘和陆地交界处，用工程措施加工岸而使其稳固，以免遭受各种自然因素和人为因素的破坏，是保护风景园林中水体的设施。

1）驳岸的分类

由图 4-3 可见，驳岸可分为低水位以下部分、常水位至低水位部分、常水位与高水位之间部分和高水位以上部分。

高水位以上部分是不淹没部分，主要受风浪撞击和淘刷、日晒风化或超重荷载，致使下部坍塌，造成岸坡损坏。

常水位至高水位部分（B—A）属周期性淹没部分，多受风浪拍击和周期性冲刷，使水岸土壤遭冲刷而淤积水中，损坏岸线，影响景观。

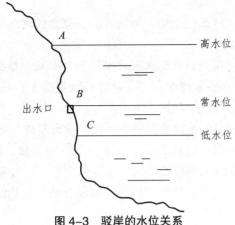

图 4-3　驳岸的水位关系

常水位到低水位部分（B—C）是常年被淹部分，其主要是湖水浸渗冻胀，剪力破坏，风浪淘刷。我国北方地区因冬季结冻，常造成岸壁断裂或移位。有时因波浪淘刷，土壤被淘空后导致坍塌。

C 以下部分是驳岸基础，主要影响地基的强度。

驳岸的分类见图 4-4。

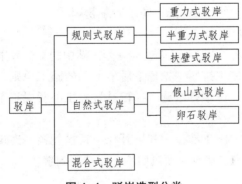

图 4-4　驳岸造型分类

2）驳岸的结构形式

（1）园林水景中的驳岸结构主要是重力式结构，它主要是依靠墙身自重来保证岸壁稳定，抵抗墙背土的压力，这种重力式结构的驳岸也称为挡土墙。重力式驳岸按墙身的结构可分为浆砌块石、钢筋混凝土、混凝土等。园林水景中的驳岸高度按水体的深度而定，一般为 1～2.2 m。块石驳岸一般不超过 2 m。考虑到驳岸的当土作用，对于超过 2 m 的驳岸，都是整体好、强度高的钢筋混凝土驳岸；对于较低的驳岸，一般是采用浆砌块石驳岸。

（2）还有一种是顺着水体的自然边坡而做的驳岸，比较确切地可以称作为护坡。护坡主要是防止水体与陆地边缘处的泥土被水冲刷而成的硬"地面"，坡度的陡缓因造景的需要而定。

4.3.2　驳岸设计及施工过程

不同类型的驳岸施工过程如下：

1）毛石砌筑驳岸

（1）驳岸形式为重力式浸水挡土墙，外墙直立，墙背的坡度为 3∶1。本工程高程为黄海高程系，驳岸压顶标高为 80.5 m。

（2）根据甲方提供及勘察资料确定河道常水位为 79.5 m，最高水位为 80.0 m。

（3）驳岸墙身采用 M10 砂浆砌毛石，压顶为 C20 混凝土；基础采用 C20 混凝土。

（4）驳岸墙身需设置泄水孔，间距为 6 m。

（5）驳岸一般每隔 20～30 m 设置沉降缝，在与桥台基础、老驳岸连接处也设置沉降缝。驳岸沉降缝和伸缩缝设在一起，缝宽 2 cm，自上而下，用三油二毡填塞。

（6）驳岸基础下铺设 15 cm 厚碎石垫层。

（7）驳岸浅基础的持力层埋深较大的段落采用复合地基，挖除软弱土层后浇筑 C15 毛石混凝土至基底标高。

（8）挡土墙墙后填土表面为折面，表面无荷载。回填土容重 3γ=19.00 kN/m，内摩擦角 φ=35°，墙背与填土间的外摩擦角=35°/2=17.5°。基底摩擦系数 f=0.30。

2）自然式驳岸

（1）自然式驳岸为河岸护坡式驳岸，此驳岸适合河道坡度较缓的地段，驳岸上层为密实度高的砂质土壤，可种植绿化。

（2）驳岸采用两层无纺布，一层 10 cm 厚细石子为基础。

（3）驳岸砖砌挡墙不应低于 50 cm，防水砂浆粉刷。

3）码头及河岸平台驳岸

部分采用毛石砌筑驳岸，使整个驳岸连成一体。湖中的平台采用钢筋混凝土柱为基础构件。

施工流程：工程整体施工按照"先地下后地上"的施工原则，路面施工前先做好地下工程部分，具体施工顺序为：围堰排水施工→挖基坑施工→驳岸施工→土方回填施工→拆除围堰、放水→清理现场。

浆砌墙施工工艺流程：施工准备→基坑开挖→报检复核→砌筑基础→基坑回填→安设沉降缝→选修面石拌砂浆→砌筑墙身→填筑回填土→清理勾缝。

施工要求：

（1）驳岸线的顶面标高必须达到 80.5 m 及以上。

（2）驳岸护坡砖基础，上层砖基础应在最高水位线（80.0 m）以上，下层砖基础应在常下位线（79.5 m）以下，两者间距不短于 2 m。

（3）雨季施工必须作好场地的排水，保持排水沟的畅通，开挖基坑、浇筑混凝土等项目尽可能避开雨季施工。

4.3.3　驳岸及护坡设计实例及识图要点

1）规则式驳岸

规则式驳岸是用块石、砖、混凝土砌筑的几何形式的岸壁，例如常见的重力式驳岸、半重力式驳岸、扶壁式驳岸等（如图 4-5、图 4-6）。规则式驳岸多属永久性的，要求较好的砌筑材料和较高的施工技术。其特点是简洁、规整，但是缺少变化。

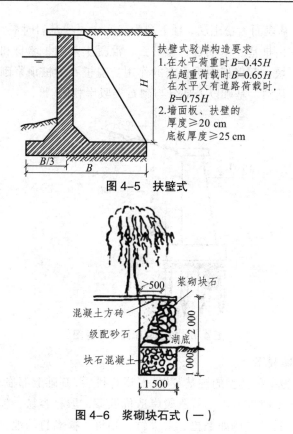

图 4-5 扶壁式

扶壁式驳岸构造要求
1. 在水平荷重时 $B=0.45H$
   在超重荷载时 $B=0.65H$
   在水平又有道路荷载时，
   $B=0.75H$
2. 墙面板、扶壁的
   厚度≥20 cm
   底板厚度≥25 cm

图 4-6 浆砌块石式（一）

2）自然式驳岸

自然式驳岸是外观无固定形状或规格的岸坡处理，例如常用的假山石驳岸、卵石驳岸。这种驳岸自然堆砌，景观效果好。

3）混合式驳岸

是规则式与自然式驳岸相结合的驳岸造型（如图 4-7）。一般为毛石岸墙、自然山石岸顶，混合式驳岸易于施工，具有一定装饰性，适用于地形许可并且有一定装饰要求的湖岸。

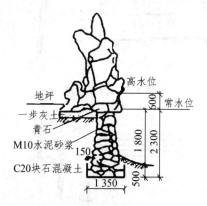

图 4-7 浆砌块石式（二）

4）桩基类驳岸

桩基是我国古老的水工基础做法，在园林建设中得到广泛应用，至今仍是常用的一种水工地基处理手法。当地基表面为松土层，且下层为坚实土层或基岩时最宜用桩基。图4-8是桩基驳岸结构示意图，它由桩基、卡裆石、盖桩石、混凝土基础、墙身和压顶等几部分组成。卡裆石是桩间填充的石块，起保持木桩稳定的作用。盖桩石为桩顶浆砌的条石，作用是找平桩顶，以便浇灌混凝土基础。基础以上部分与砌石类驳岸相同。

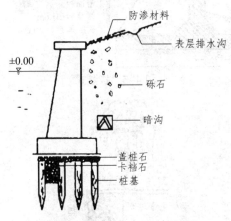

图4-8　桩基驳岸结构示意图

5）竹篱驳岸、板墙驳岸

竹桩、板桩驳岸是另一种类型的桩基驳岸。驳岸打桩后，基础上部临水面墙身由竹篱（片）或板片镶嵌而成，适于临时性驳岸。竹篱驳岸造价低廉，取材容易，施工简单，工期短，能使用一定年限，凡盛产竹子，例如毛竹、大头竹、勤竹、撑篙竹的地方均可采用。施工时，竹桩、竹篱要涂上一层柏油，目的是防腐。竹桩顶端由竹节处截断以防雨水积聚，竹片镶嵌紧密牢固，如图4-9和图4-10所示。

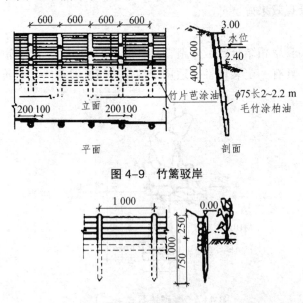

图4-9　竹篱驳岸

图4-10　板墙驳岸

由于竹篱缝很难做得密实，这种驳岸不耐风浪冲击、淘刷和游船撞击，岸土很容易被风浪淘刷，造成岸篱分开，最终失去护岸功能。所以，此类驳岸适用于风浪小，岸壁要求不高，土壤较黏的临时性护岸地段。

4.3.4 护坡的分类及施工

护坡也称为护岸，也是驳岸的一种形式，两者之间并没有具体严格的区别和界限。一般来说，驳岸有近乎垂直的墙面，以防止岸土下坍；而护坡则没有用来支撑土壤的近于垂直的墙面，它的作用在于阻止冲刷，其坡度一般在土壤的自然安息角内。

护坡的形式主要有下列几种：

1）铺石护坡

先整理岸坡，选用 18～25 cm 直径的块石作护坡材料，块石最好是宽与长之比为 1：2 的长方形石料，石料要求比重大，吸水率小。

为了保证护坡稳定，在铺石下面要设垫层，垫层一般做 1～3 层。第一层用粗砂，第二层用小卵石、碎石，最上面一层用碎石，总厚度可为 10～20 cm。

铺石护坡的施工方法为：首先把坡岸平整好，并在最下部挖一条梯形沟槽，槽沟宽 40～50 cm，深 50～60 cm。铺石以前，先将垫层铺好，垫层的卵石或碎石要求大小一致，厚度均匀，铺石时由下至上铺设。下部要选用大块的石料，以增加护坡的稳定性。铺时石块摆成丁字形，与岸坡平行，一行一行往上铺，石块与石块之间要紧密相贴，如有突出的棱角，应用铁锤将其敲掉，铺后检查一下质量，即当人在铺石上行走时铺石是否移动。如果不移动，则施工质量合乎要求，下一步就是用碎石嵌补铺石缝隙，再将铺石夯实即成。

2）水面以上的植物护坡

在岸坡平缓、水面平静的池塘旁，可以用草皮或灌木来护坡，使园林景色更加生动活泼，富有自然情趣。草皮可用带状或块状铺设，从水面以上一直铺到坡顶。带状的按水平方向铺设。整个草带用木桩固定，木桩长 20～30 cm，直径 2～2.5 cm。如岸坡很缓，也可以不用木桩固定。

4.4 喷泉工程

喷泉是由地下喷射出地面的泉水，特指人工喷水设备。喷泉的原理是动量守恒，从大半径管道到小半径管道，产生一个速度的变化，冲向背离地面的方向。大半径的速度由泵带动，小半径中的速度是原来速度与动量转化速度。喷泉景观概括来说可以分为两大类：一是因地制宜，根据现场地形结构，仿照天然水景制作而成，如壁泉、涌泉、雾泉、管流、溪流、瀑布、水帘、跌水、水涛、漩涡等；二是完全依靠喷泉设备人工造景。有音乐喷泉、程控喷泉、摆动喷泉、跑动喷泉、光亮喷泉、游乐喷泉、超高喷泉、激光水幕电影等。

4.4.1 喷泉的组成与分类

喷泉有很多种类和形式，大体上可以分为如下四类：

（1）普通装饰性喷泉：是由各种普通的水花图案组成的固定喷水型喷泉。

（2）与雕塑结合和的喷泉：喷泉的各种喷水花形与雕塑、水盘、观赏柱等共同组成景观。

（3）水雕塑：用人工或机械塑造出各种抽象或具象的喷水水形，其水形呈某种艺术"形体"的造型。

（4）自控喷泉：是利用各种电子技术，按设计程序来控制水、光、声、色的变化，从而形成变幻多姿的奇异水景。

4.4.2　喷头的类型与选择

1）树冰喷嘴

树冰喷嘴可安装在引水的上端表面和水位，水可以形成壮观的水柱，并能抵抗强风，喷嘴可以广泛应用于公共场所的广场和喷泉。

2）通用直流喷嘴

通用直流喷嘴广泛应用于直流喷嘴喷泉，是音乐喷泉的必要设备。喷淋头具有一个球关节，通用直流喷嘴的喷雾效果可以组合不同的形状。

3）孔雀（半球形蒲公英）喷嘴

半球形蒲公英喷嘴喷洒水的姿势像半环蒲公英，或像一只孔雀。要求水质和蒲公英喷嘴一样，可以应用于各种水池。

4）中心直喷嘴

中心直喷嘴是在同一配电箱安装许多通用直流喷嘴，喷嘴为相同的规格，水呈连续雄伟的姿态；当喷嘴规格不完全相同时，如果喷嘴的大小安排得当，喷洒水构成强劲，清晰的层次能够突出主题。

5）雾喷嘴

雾喷嘴能滴出颗粒非常小的雾滴，可以在阳光下形成的彩虹。因为水从喷嘴结构，不同的喷嘴形态也不同。喷水时噪音小、耗水量少，一般用于雕像。

6）风格喷嘴

风格喷嘴是一种多孔散射喷嘴，其外观看起来像一束鲜花，外观漂亮，方便安装，喷泉适合各种场合。

7）旋转喷嘴

旋转喷嘴是利用离心作用的喷嘴，因为支管喷嘴的数量和倾斜的角度、弯曲方向和安装形状的不同，在水中形成不同的景色。

8）牵牛花花洒水喷头喷嘴

利用折射原理，形成均匀水膜，形状可以在风和水的压力下形成，适用于室内或庭院喷泉。

9）平面喷嘴

平面喷嘴适用于各种场合，平口头提供了一个球形接头，可用于垂直和倾斜15°安装。

10）扇形喷嘴

扇形喷嘴是散射喷嘴，可以直接安排小喷嘴在同一水室，喷雾形状像孔雀和风扇。因此，也被称为孔雀或孔雀喷嘴，可以垂直安装，也可以倾斜安装。

11）可调喷嘴

喷嘴部分有环槽，当有压力时，水直接喷射，形成圆柱形空心状态的水膜，水晶缸的形状。

12）涌泉（泡沫）喷嘴

可以使气体吸入，形成的白色水圈，弥漫在空气中，这种喷嘴可以使用更少的水来获得巨大的景观。

13）喷泉设备的烟花喷嘴

烟花是多孔散射喷嘴，也叫淋浴头。喷嘴的风格略有不同，喷雾形状像烟火，外观美丽，方便安装。

4.4.3　喷泉设计及施工过程

开阔的场地多选用规则式喷泉池，水池要大，喷水要高，照明不要太华丽。狭长的场地如街道转角、建筑物前等处，水池多选用长方形。现代住宅建筑旁的水池多为圆形或长方形。喷泉的水量要大，水感要强烈，照明可以比较华丽。喷泉的形式自由，可与雕塑等各种装饰性小品结合，但变化宜简洁，色彩要朴素。

在选择喷泉位置，布置喷水池周围的环境时，首先要考虑喷泉的主题与形式，所确定的主题与形式要与环境相协调，把喷泉和环境统一起来考虑，用环境渲染和烘托喷泉，以达到装饰环境的目的，或者借助特定喷泉的艺术联想，来创造意境。

1）位置

一般多设在庭院的轴线焦点、端点或花坛群中，也可以根据环境特点，做一些喷泉小景，布置在庭院中、门口两侧、空间转折处、公共建筑的大厅内等地点，采取灵活的布置，自由地装饰室内外空间。但在布置中要注意，不要把喷泉布置在建筑之间的风口风道上，而应当安置在避风的环境中，以免大风吹袭，喷泉水形被破坏和落水被吹出水池外。

2）形式

有自然式和规则式两类。喷水的位置可居于水池中心，组成图案，也可以偏于一侧或自由地布置。其次，要根据喷泉所在地的空间尺度来确定喷水的形式、规模及喷水池的比例大小。

（1）喷泉水型是由不同种类的喷头、喷头的不同组合与喷头的不同角度等多方面因素共同造成。从喷泉水型的构成来讲，其基本构成要素，就是由不同形式喷头喷水所产生的不同类型，即水柱、水带、水线、水幕、水膜、水雾、水泡等。水型的组合造成也有很多方式，既可以采用水柱、水线的平行、直射、斜射、仰射、俯射，也可以使水线交差喷射、相对喷射、辐状喷射、旋转喷射，还可以用水线穿过水幕、水膜，用水雾掩藏喷头，用水花点击水面等。

（2）喷泉的控制方式：喷泉喷射水量、喷射时间的控制和喷水图样变化的控制，主要有以下三种方式。

①手阀控制：这是最常见和最简单的控制方式，在喷泉的供水管上安装手控调节阀，用来调节各管段中水的压力和流量，形成固定的喷水水资。

②继电器控制：通常用时间继电器按照设计时间程序控制水泵、电磁阀、彩色灯等的启闭，从而实现可以自动变换的喷水水姿。

③音响控制：声控喷泉是利用声音来控制喷泉喷水水形变化的一种自控喷泉。声控喷泉

的原理是将声音信号变为电信号，经放大及其他处理，推动继电器或电子式开关，再去控制设在水路上的电磁阀的启闭，从而达到控制喷头水流动通断的目的。这样，随着声音的变化，人们可以看到喷水大小、高矮和形态的变化。它能把人们的听觉和视觉结合起来，使喷泉喷射的水花随着音乐优美的变化旋律而翩翩起舞。

（3）喷泉的给水方式。有自来水直接给水和潜水泵循环供水两种。后者是将潜水泵放置在喷水池中较隐蔽处或低处，直接抽取池水向喷水管及喷头循环供水，一般适用于小型喷泉。

（4）喷泉管道布置。大型水景工程的管道可布置在专用管沟或共用沟内。一般水景工程的管道可直接敷设在水池内。为保持各喷头的水压一致，宜采用环状配管或对称配管，并尽量减小水头损失，每个喷头或每组喷头前宜设有调节水压的阀门。对于高射程喷头，喷头前应尽量保持较长的直线管段或设整流器。

3）喷泉设计施工注意事项

喷泉池池底、池壁的做法应视具体情况，进行力学计算后再做专门设计。池底、池壁防水层的材料，宜选用防水效果较好的卷材，如三元乙丙防水布、氯化聚乙烯防水卷材等。水池的进水口、溢水口、泵坑等要设置在池内较隐蔽的地方，泵坑位置、穿管的位置宜靠近电源、水源。在冬季冰冻地区，各种池底、池壁的做法都要求考虑冬季排水出池，因此，水池的排水设施一定要便于人工控制。

喷泉完全是靠设备制造出水量的，对水的射流控制是关键环节，采用不同的手法进行组合，会出现多姿多彩的变化形态。布置在室内的喷泉，齐水流射程设计得不太大，喷头为膜状、水雾式以及加气混合式，在配以灯光效果的控制，使其绚丽多彩，更能烘托庭院氛围。

4.4.4　喷泉设计实例及识图要点

实例：某广场水景工程总平面图如图 4-11 所示，分为北水景区（镜池、流水景墙，水域面积 12 520 m^2）、中心水景区（跌水、音乐喷泉，水域面积 10 210 m^2）、休闲广场水景区（风、

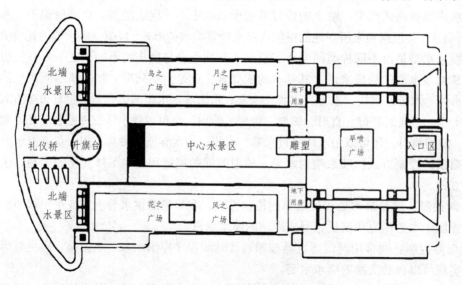

图 4-11　某水景工程平面图

月、花、鸟水景,水域面积180 m²)、旱喷广场水景区(矩阵喷泉、时空隧道等,水域面积1 480 m²)、入口水景区(跌水瀑布、屏风喷泉、云火喷泉,水域面积830 m²)。广场水景特点为:水面面积之大、水景景点之多、水景种类之全、水景规模之大。

中心水景区位于北广场的中心,长200 m,宽47 m。北端25 m为漫坡跌水区,跌水落差4 m,跌水宽度46 m。中间通过一段广阔的静止水面过渡,为长100 m的音乐喷泉。音乐喷泉由6种基本水形组成,分成11排布置(见图4-12)。中间一排雪松,喷高5 m。其两侧分别为:变频跑泉一排,喷高16 m;水雾三排,喷高1.2 m;追逐拱喷两排,分成20组,喷高4 m,射程6 m;对喷水拱两排,喷高5 m,射程20 m;交叉水拱两排,喷高6 m,射程5 m。在广场音乐响起时,上述6种水形自动进行组合变化,时而悠扬柔美,时而激情跳跃,此起彼伏,翩翩起舞。夜晚在七彩灯光映照下,姹紫嫣红,分外妖娆。中心水池的南端为广场的大型主题雕塑,雕塑下为层流跌水,跳跃的水流翻起层层白色水花,衬托得红色雕塑更加突出醒目。

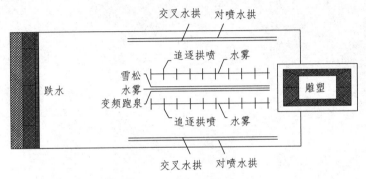

图4-12 中心水景区平面图

旱喷泉布置在旱喷广场的中心,主要由以下几种水形构成(见图4-13)。大型矩阵喷泉由48行48列DN25-18的直流喷头组成,行、列间距均为0.5 m,喷高1.0 m,每个喷头均直流喷头,每个喷头由一个水下电磁阀控制。隧道高3 m,宽3 m,最大长度38.5 m,可随时延伸、收缩、蹦跳。孩子们在隧道中穿来跑去,嬉戏雀跃,欢笑声不绝于耳。

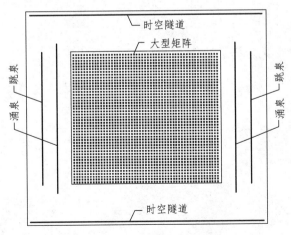

图4-13 旱喷广场

涌泉:矩阵喷泉的另两侧各布置一排涌泉喷头,每排28个,喷高仅0.3 m。冰清玉洁的水柱像水晶一样,镶嵌在两侧,可变换多种颜色,起到很好的点缀作用。

跳泉：涌泉的外侧各有 5 个跳泉喷头，可喷出一段段光洁明亮的水柱或光滑透明的连续水柱，其喷水形态常会引起观众兴趣，不禁要动手摸摸玩玩，尤其成为孩子们的戏耍对象。

思考题

1. 简述水体在园林中的形式、功能和重要性。
2. 详述水池的类型及其施工要点。
3. 驳岸有哪些类型？不同类型的驳岸有哪些施工特点？
4. 简述护坡的分类及施工方法。
5. 简述喷泉的主要类型。其施工要点有哪些？

第 5 章 园林景观工程

【学习要点】
（1）园林景观工程的基本内容和特性；
（2）园林景观工程的施工程序；
（3）园林景观工程施工图纸识读。

5.1 园林景观工程概述

5.1.1 园林景观的概念及内容

园林景观主要是指与园林工程相关的所有组成，如水体、植物、道路、雕塑、建筑等。它可分为两大类：一类是软质的东西，如树木、水体、和风、细雨、阳光、天空；另一类是硬质的东西，如铺地、墙体、栏杆、景观构筑物等。

本书中的园林景观工程是根据工程造价的清单规范列项的划分来进行说明的，这里就不是我们通常意义上说的广泛的园林景观的概念，主要特指园林景观中的景观小品和园林建构筑物。本书其他章节中已经单独讲解了部分园林景观的内容，在本章中就不再对这些工程进行讲解，本章中园林景观工程的内容主要包括：花池、花架、雕塑、指示牌、桌椅、景墙、园林建筑物及构筑物等（图 5-1 ~ 图 5-4）。

图 5-1 树池

图 5-2 景墙

图5-3 坐凳

图5-4 雕塑

5.1.2 园林景观工程的特点

园林景观工程是园林中的重要组成部分，在整个园林设计中是点睛，是延续，是美化，是园林景观中不可或缺的部分。其较为突出的特点有以下方面：

1. 独立性

园林景观工程在设计时，可以独立于整体设计，自成一体，如雕塑、座椅、指示牌等小品，其基本都是单独进行设计，单独进行施工，并运至现场进行安装固定。也可以结合设计场地进行整体考虑，结合种植设置树池与坐凳，结合广场进行景墙设置，结合假山、水体进行景观建构筑物的设置（图5-5～图5-6）。总之，园林景观是独立于园林设计之外，同时又融于设计之中。

图5-5 绿地上的花钵

图5-6 独立设置的景观廊架

2. 艺术性

园林景观是对环境景观的提升与美化，不论是种树，还是休闲，都是为了人们的生活环境的提高。它是景观的特殊语言，沟通着每一个观赏者的心灵，因此对于园林景观来说，艺术是必不可少的，它能带给观赏者一定的空间氛围以及引导视线的焦点。

任何的景观都是由点、线、面来抽象构成的，而把艺术性充分融入的园林景观就是所谓的"点"。在园林景观环境之中，作为艺术品的园林景观无疑成为人们观赏的中心，路边随意的景石、树丛中突然出现的指示牌以及具有分割空间的或圆或方的景观墙体等，无不是人们驻足观赏的"点"（图 5-7）。比如小区入口，往往有一景墙，上书小区名称，把人们的视线聚焦于此（图 5-8）。

图 5-7　绿地中的花罐点缀

图 5-8　小区入口景墙

3. 实用性

对于一个园林绿化工程来说，园林景观小品、建筑的存在是必不可少的。它不仅仅是艺术的存在，更是功能的存在。它们可以指示路线，引导游人，纳凉休憩等。垃圾桶在景观中必不可少，否则随意堆放的垃圾，将大大影响景观效果；坐凳在景观中作用很大，人们走累了，都需要有椅子歇一下；指示牌同样不可缺，否则，人们怎么知道如何才能走到自己的目的地？而建筑物在园林景观中主要就是亭、台、楼、阁，它除了起到分隔空间、点睛作用外，其主要作用就是休息、娱乐，为人们提供更便捷的服务（图 5-9 ~ 图 5-10）。因此，无论是怎样的园林景观建筑、小品，除了能满足人们的心理需求外，同时应该满足人们最大限度的生理要求。

图 5-9　艺术坐凳

图 5-10　垃圾桶

5.2　园林景观工程的设计

5.2.1　园林景观工程的材料选择

　　建筑工程材料主要包括砌筑材料、装饰材料，园林景观工程同样适用。所不同的是，用于园林景观的材料赋予了一定的自然与艺术性。在设计时材料的选择是根据整个园林景观环境来进行的，不同的环境材料使用均不同。如石材，在体现古典艺术或展现自然主题时，使用更多的是自然的，少打磨、少加工的，体现一种自然生态美感的石材。如图 5-10 所示垃圾桶，运用与周围一致的石材，纹路形态均仿若天生，使其隐于周围环境之中，浑然一体。而在体现现代艺术或展现未来、都市化等，使用的是人工痕迹大的，打磨光滑，并在表面进行现代装饰的石材。如图 5-5 所示景观花钵，人为加工的石材，打造简洁的几何造型，构架出不一样的欧式景观风格。

5.2.2　园林景观工程的设计

　　园林景观工程根据设计的方法原理及特点，大致分为景观建筑与景观小品。对于景观建筑来说，其主要的作用是分隔空间、休闲娱乐等，其设计与园林环境相融，观赏性强，无论是材料还是造型上都体现了较高的艺术性，同时在设计的选址方面也体现了空间构图原则，利用借景、障景等造园手法，创造丰富的艺术空间氛围。而功能上也是充分考虑人们的生理需求，主要针对不同的园林环境进行相应的卫生间、休息亭、服务建筑等的设计，同时把观赏与功能结合设计出融于景观的园林建筑。

　　而景观小品，其作用主要是点缀，就是园林景观是设计手法中的点景，其观赏性较之于景观建筑来说更强，是人们在游览园林景观时吸引人的手法表现。小品对于材料或造型的选择上主要是考虑与周边环境的融合，同时又要区别于周围环境，如图 5-7 中的绿地花罐，随意的摆置让其融入绿化环境，而人工的陶罐造型又有别于自然的绿地，在点缀绿地的同时，吸引人们的视线，让人们在观赏游览时不会因为大片的绿地而感觉无聊。

　　有使用性能的小品更是在材料与造型的设计上会多加考虑，坐凳、垃圾桶、指示牌在园林绿化工程中必不可少。人们在游览过程中会驻足，需要休息，坐凳就尤为重要（如图 5-3），满足人们休息的同时，一个具有艺术造型的坐凳无疑又成为景观点。因此无论是景观建筑还是小品，在设计在都是要充分的考虑景观与实用的相结合，以及造园的一些景观手法，从而创造出丰富的艺术景观环境。

5.3　园林景观工程的施工

5.3.1　园林景观小品的施工

　　景观小品就是在特定环境中供人们欣赏或使用的构筑物，它的目的在于吸引游人驻足、欣赏，比如雕塑、花架、花坛、指示牌、灯具等。景观小品的施工有两种情况，一种是在现场进行施工，做基础、支架，装饰完成，类似于现场砌筑工程；另一种是工厂直接制作的小品，只需在现场进行安装放置即可。

1．现场砌筑景观小品的施工

现场砌筑景观小品指按照施工图纸所示内容，现场进行砖石、混凝土、木材等的砌筑，与建筑工程中的砌筑工程相似，其施工程序为基础到上部构架再到外表装饰等过程。

对于现场进行砌筑的景观小品，其施工需要注意如下问题（如图 5-11 ～ 图 5-12）：

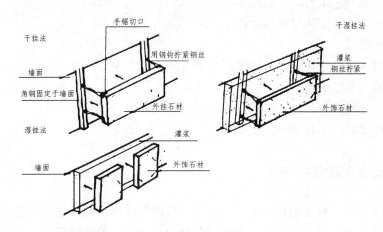

图 5-11 立面装饰施工处理

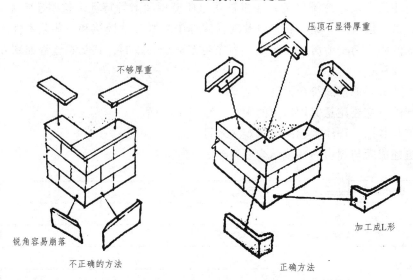

图 5-12 压顶与转角装饰面施工处理

（1）放线符不符合设计要求，标高是否符合设计。

（2）基础深度要符合要求，且在冻土层以下。

（3）如为花坛，栽植地面需要认真整平，保证植物的存活。

（4）外饰面要注意勾缝。

（5）外挂饰面注意与立面的结合要牢固。

（6）涂刷油漆的小品，注意进行未干前的保护。

（7）注意材料的防锈、防腐处理。

2. 预制景观小品的施工

预制（定制）景观小品指按照施工图的要求，在厂家进行制作相应配件，或者整体，再拉到现场进行组装以及固定。在园林景观中这种做法是比较常用的，比如园林座椅、雕塑、垃圾桶、指示牌、张拉膜以及一些艺术性较高的构筑物等。这样的做法能够使得小品更具有统一性、快捷性和艺术性。

预制景观小品在安装时要注意：

（1）定位准确。

（2）基础深度符合设计，露出地面的基础要注意装饰。

（3）小品与基座的连接要牢固，并且要自然。

（4）注意与周边的联系，减少破坏。

（5）比较重的小品安装时注意安全。

5.3.2 园林景观建筑的施工

园林景观建筑一般是指在风景区、公园、广场等园林景观场所中出现的、本身亦有景观标识作用的建筑物，具有景观与观景的双重身份。它和一般建筑相比，具有与周围环境、文化结合紧密，生态节能，造型优美，注重景观与环境相和谐等特征。这些建筑主要包括古典园林中的亭、台、楼、阁、榭、舫，以及现代园林中的服务性建筑和一些艺术性建筑等。

景观建筑的施工与一般房屋建筑施工程序与方法是一致的，其基本流程如图 5-13 所示。其在施工中需要注意：

（1）注意建成后的标高符合设计。

（2）基础的开挖要注意保护周边的用地，减少工作面。

（3）砌筑与装饰工程注意建筑的景观艺术性。

（4）建筑建成后与周边的环境结合要自然。

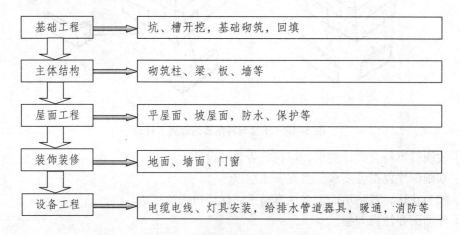

图 5-13　景观建筑施工主要流程图

5.4 园林景观工程施工图纸的识读

5.4.1 园林景观工程施工图图例

在园林工程图例标准之中，对于总平面的图例有相应的规定，其中涉及园林景观工程的图例具体如表 5-1 所示。而景观工程的详图图样与房屋建筑施工图的图例所用一致，主要是剖面图中的材料图例，在这里就不再列表说明，可以参看房屋建筑施工图相关教材中所示材料图例符号的表示。

表 5-1 园林景观工程施工图总图图例

序号	名称	图例	说明
1	规划的建筑物		用粗实线表示
2	原有的建筑物	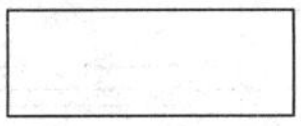	用细实线表示
3	规划扩建的预留地或建筑物		用中虚线表示
4	建筑 拆除的建筑物	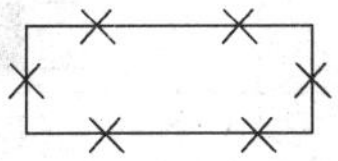	用细实线表示
5	地下建筑物		用粗虚线表示
6	坡屋顶建筑	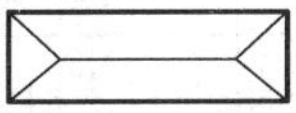	包括瓦顶、石片顶、饰面砖顶等
7	草顶建筑或简易建筑		
8	温室建筑	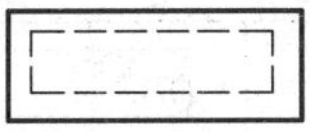	
1	喷泉		
2	雕塑		
3	小区设施 花台		仅表示位置，不表示具体形态，以下同，也可依据设计形态表示
4	座凳	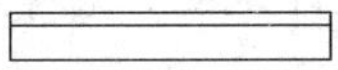	
5	花架	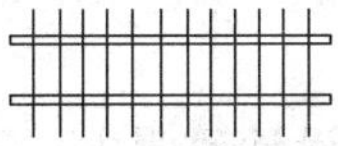	
6	围墙	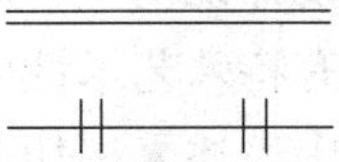	上图为实砌工漏空围墙；下图为栅栏或篱笆围墙
7	栏杆		上图为非金属栏杆；下图为金属栏杆

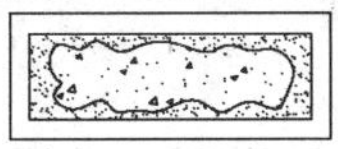

序号		名称	图例	说明
8	小区设施	园灯	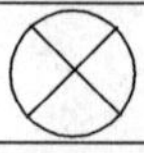	
9		饮水台		
10		指示牌		
1	工程设施	护坡	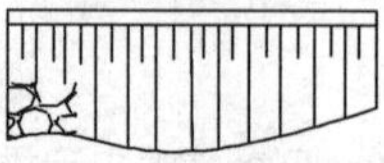	
2		挡土墙	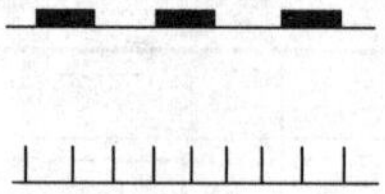	突出的一侧表示被挡土的一方
3		排水明沟	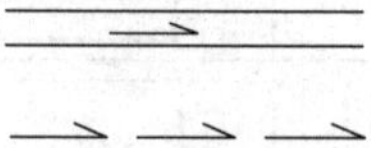	上图用于比例较大的图面；下图用于比例较小的图面
4		有盖的排水沟	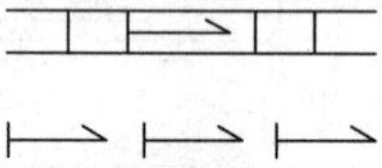	上面用于比例较大的图面；下面用于比例较小的图面
5		雨水井		
6		消火栓井		
7		喷灌点		
8		道路	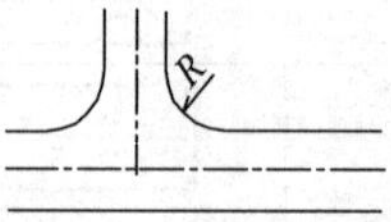	
9		铺装路面	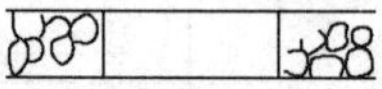	
10		台阶	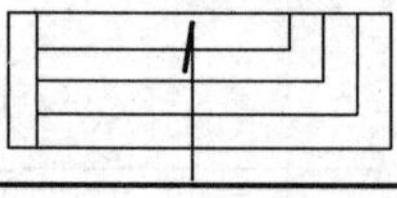	箭头指向表示向上

5.4.2　园林景观工程施工图识读

园林景观工程施工图图纸包括设计说明、总平面图、景观索引图、详图等。

1. 设计说明

景观工程的设计说明一般都在总设计说明中，不单列出来。在说明中一般就小品的规格大小、制作方式、安装等进行说明，如有特殊艺术性要求也在说明中指出。例如坐凳，大部分景观中会采用定制的座椅，就可在说明中表述采用什么样规格、材料的坐凳，需要定制的数量、质量标准以及安装的要求等。而景观建筑，对于大型的建筑来说，可参照房屋建筑设计说明进行识读；小型的景观建筑，如亭廊等，其说明一般也跟小品的说明类似。

2. 总平面图

总平面图在景观工程中的作用主要是看园林景观在整体的景观环境中的位置，它所处的景观地位、朝向、方位以及周边的环境。总平面图的识读参照建筑总平面图以及表5-1中所示图例进行识读。

图 5-14 为某园林景观绿化工程的总平面图。通过总图的识读，我们可以看出：图中标有字母的即为园林景观工程项目；不同的编号代表了不同的景观；平台、平桥均用轮廓线表示，与道路的区分除了轮廓线还有道路中心线；而建筑则是画出底层的平面图，包括柱子、门窗、入口等。从图中的表格我们可以看出该项目的景观工程有：用于展示的主要景观建筑一栋；作为会议室的建筑一栋；凉亭一座；一栋卫生间建筑；其他为水上的亲水平台、木栈道等。

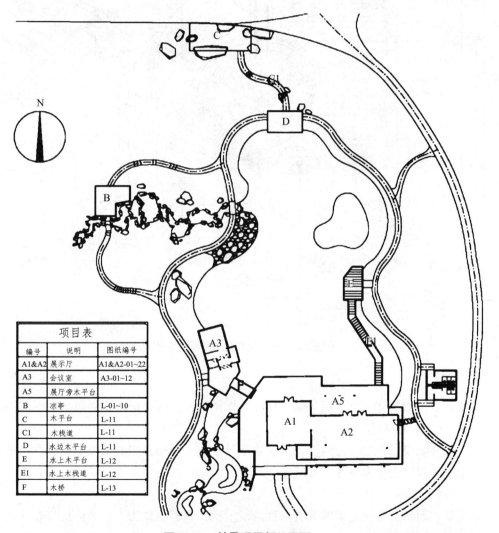

项目表		
编号	说明	图纸编号
A1&A2	展示厅	A1&A2-01~22
A3	会议室	A3-01~12
A5	展厅旁木平台	
B	凉亭	L-01~10
C	木平台	L-11
C1	木栈道	L-11
D	水边木平台	L-11
E	水上木平台	L-12
E1	水上木栈道	L-12
F	木桥	L-13

图 5-14　某景观局部总平面

3. 景观索引图

景观索引图主要是用于索引景观工程的详图位置，方便查找，其识读方式与建筑施工图索引图一致，根据相关的索引符号进行识读。

如图 5-14 中，把图纸与建筑同时编入表格中，就可以不用单独再画相应的索引图。这种方式适用于比较简单、景观工程较少的情况，而景观工程较多，位置比较复杂的园林工程就需要单独一张索引图，方便查找。

图 5-15　索引符号

图 5-15 为景观工程的索引符号，其中 1 表示编号为 1 的详图，D-12 表示的是详图所在的图纸的编号，引出线上的文字表示详图的名称为凉架大样图。图 5-16 为景观索引图。

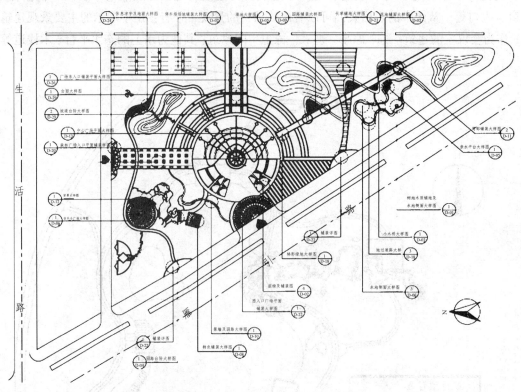

图 5-16　某景观绿化工程详图索引图

4. 详图

园林景观工程的详图就是指景观工程的具体做法，包括平面图、立面图、剖面图以及一些必要的大样图、断面图等。

由于园林景观工程包含的内容较多，这里只是把一些较常用的景观工程详图列举识读，其他的景观工程以此作为参考进行相应的识读。

1）景观亭详图

景观亭在园林工程中是最常见的一种景观工程，它通常作为人们的休息与观赏地。其形式根据风格分为中式的与欧式的；根据其平面的形状又分为单体式、组合式、亭廊式；根据使用材料又能分为木结构式、钢筋混凝土结构式、砖石结构式等。

木结构景观亭是结构比较复杂的亭子，其剖面图中木构件有其特殊的名称。如图 5-17 所示。

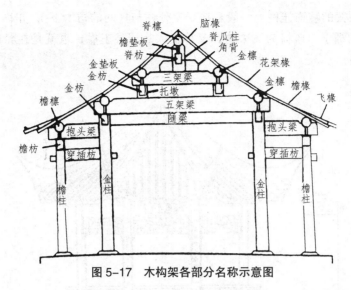

图 5-17　木构架各部分名称示意图

景观亭详图一般包括平面图、立面图、剖面图、顶面图、屋顶仰视图等。亭子平面图中包括了亭子的柱、台明（平台）、座椅，剖面图的剖切位置，轴线编号等内容。其主要表现出柱子的截面大小与位置，平台的形状、大小，座椅的位置与宽度，以及亭子的出入方位等。如图 5-18 为某公园绿化景观中的亭子，根据平面图知道其底面为正八边形，有八颗直径为 220 mm 的圆柱，除了下方与右上方的出入口外，柱子间均布有座椅，平台高出地面 450 mm。

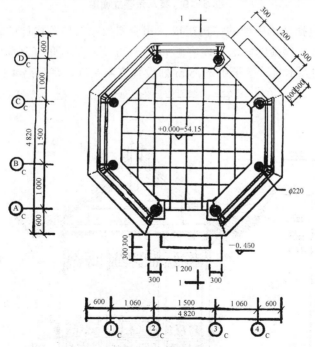

图 5-18　某八角亭平面图

亭子立面图包括屋顶的形状、屋面的装饰、外形翼角的起翘度、挂落的形状、座椅的立面形状以及亭子的高度等内容。图 5-19 所示为某八角亭立面图中亭子的屋面有八个起翘角，结合平面图的底面形状为正八边形，因此也称其为八角亭。柱子之间均有万式挂落（用木条拼接成各种花纹图案的装饰挂栏，一般悬挂于室外柱与柱间的枋木下），亦称倒挂楣子，包括座椅下也有相应的楣子。座椅为飞来椅，又称美人靠或吴王靠，也就是在凳面之上设有一定弧度的靠背的座椅。

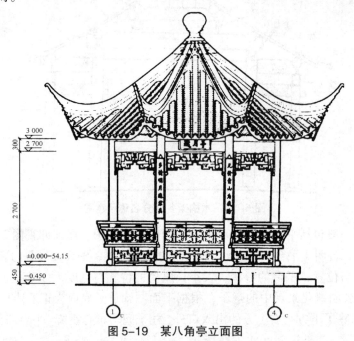

图 5-19　某八角亭立面图

亭子剖面图中包括亭子屋架的结构组成，相应屋架梁与柱等构件的立面架设情况以及大小，底面平台的做法、座椅的做法等内容。如图 5-20 所示某八角亭剖面图中，可以知道雷公柱为直径 200 mm 的圆木材，亭子中 3.75 m 处设置有照明灯，亭子高 4.91 m。

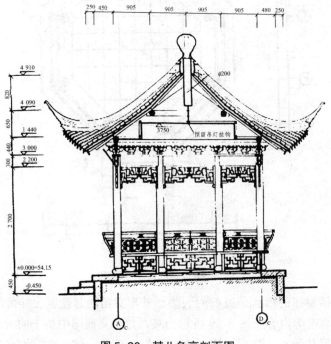

图 5-20　某八角亭剖面图

亭屋面仰视图或梁架仰视图包括了亭子屋顶的梁架布置、大小，屋顶内部是否作吊顶或其他装饰等内容。如图 5-20 中某八角亭顶面仰视图中，可以看出亭子中间有一对称符号，左边画的是亭子仰视的顶面装饰做法，右边画的是亭子仰视的顶面梁架的布置情况。该亭的梁架中，角梁为方梁，其截面为 100 mm×140 mm，扒梁为圆形，其直径为 180 mm。亭顶面的装饰为跌级式吊顶，即在最下的扒梁处 3.35 m 的高度做 630 mm 宽的吊顶，其余的在 3.75 m 处做吊顶，并在正中间做直径为 1 000 mm 的描金团龙彩画，吊顶为胶合板，刷铁红色油漆。

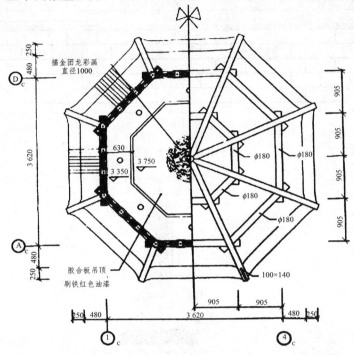

图 5-21 某八角亭顶面仰视图

对于景观亭的详图有些还会有柱子基础的大样图、座椅的大样图等，对于亭子的详图识读关键就是要清楚其结构名称，并把相对应的图纸结合起来看，其画法与建筑施工图是一致的，包括材料、标注等。

2）景墙详图

景墙是园林景观环境中又一常用景观工程，其在环境中起到了分割空间、阻挡视线、引导人流等作用。同时景墙又可作为景点名称或公园名称的背景。如图 5-22 所示为某小区名称的背景墙，既表明了小区名，也点缀了景观。

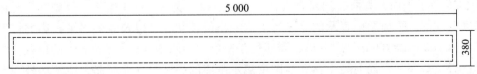

图 5-22 景墙平面图

对于景墙来说，其施工图同样包括平面图、立面图、剖面图，有些较复杂的还会有大样图，如图 5-23 ~ 图 5-24 为某小区景观中一景墙施工图。平面图主要表达景墙的长宽，即平面的形状特点，本例中景墙长 5 m，宽 0.38 m，对照立面图可以知道，中间的虚线是下部墙体的位置，外轮廓的实线实际为墙体的压顶。而立面图中需要表达景墙的表面装饰、高度以及剖面图的剖切符号，本例中景墙表面为 300 mm 宽的青砖，压顶为 380 mm×380 mm×50 mm 的大阶方砖，青砖墙体高 930 mm。剖面图表达的就是景墙的结构以及基础的做法，本景墙基础为C10 混凝土基础，垫层为水泥石粉垫层，墙体为 300 mm 宽青砖，砂浆砌筑，墙体与压顶用20 mm 厚水泥砂浆结合，并勾凹缝。

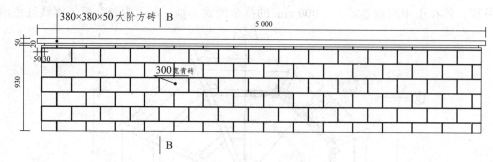

图 5-23　景墙立面图

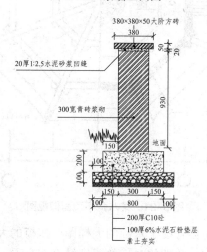

图 5-24　景墙 B-B 剖面图

3）雕塑详图

雕塑详图主要是基础的做法，对于雕塑本身，因其自身的艺术性较高，一般的施工人员无法完成，主要是由一些艺术家进行雕塑形式的塑造完成，再由施工人员进行现场的基础施工并与雕塑安装连接而成。如图 5-25 为某国外公园以雕塑详图。

从 5-25 所示平面、立面、剖面来看，主要是基础与底座的施工图纸，雕塑本身是由专业的艺术家完成的。平面图中表示的是雕塑下部底座的长和宽，以及雕塑水平投影的位置，本例中基座为 700 mm×700 mm 的方形，雕塑位于基座的中间 500 mm×500 mm 的位置，雕塑为白色花岗岩，基座为钢筋混凝土。立面图中表示基座的高度与立面形态，雕塑的外观形态以及各自表面的装饰处理做法，本雕塑基座为工字形，高 1.06 m，上宽 0.76 m，下宽 0.72 m，雕塑总高 2.16 m，基座表面采用褐色水泥抹面。剖面图表达了雕塑的基础、基座的做法，以及雕塑与基座的连接方式等，此雕塑基础为钢筋混凝土材料，高 1 m，垫层为混凝土，基座与雕塑连接方式为榫接方式，并用水泥砂浆粘牢。

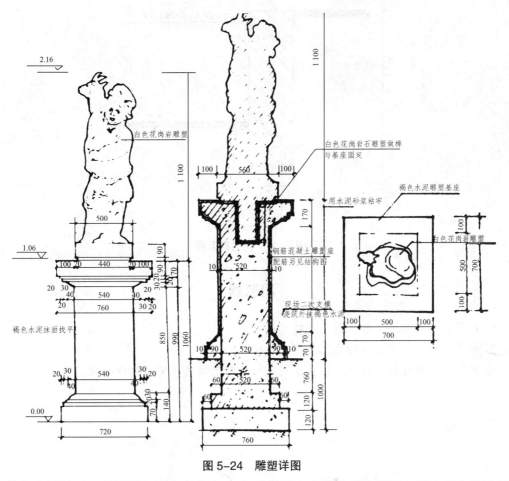

图 5-24 雕塑详图

其他成品景观工程详图与雕塑的类似，主要都是表达其基础的详图，再由相应的连接方式形成整体。

4）树池、花池详图

树池与花池详图类似，主要由平面、剖面图组成，其主要表达的是池壁的做法与装饰。平面图表达树池或花池的平面形状，剖面图表达其池壁的做法与基础的做法，包括池壁外表面的装饰处理。

如图 5-25 所示为某景观中一树池平面图，其树池为一外半径 1 m 的圆形，内半径为 0.85 m，池壁厚 0.15 m。图 5-26 中表明了池壁的做法为 C20 混凝土，外壁用水泥抹面，并刷绿色涂料，其高为 330 mm；池壁基础为 100 厚的素混凝土层，池壁埋入地下 120 mm 的高度。

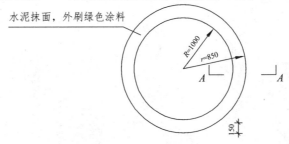

图 5-26 树池平面图

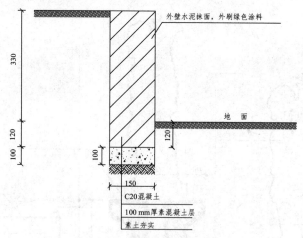

图 5-27 树池剖面图

思考题

1. 试简述园林景观工程的内容及特点。
2. 试简述园林景观工程的施工程序及要点。
3. 通过自己的理解，试论述园林景观工程施工图识读所要注意的事项。

第6章 园林种植工程

【学习要点】
（1）掌握乔灌木种植的程序、方法；
（2）掌握大树移植的施工要点；
（3）了解影响乔灌木种植工程施工进度的因素；
（4）熟悉草坪施工的方法。

6.1 乔灌木种植工程

乔灌木种植是园林绿化工程的主要工作之一。乔灌木生长周期长、景观成效慢，乔灌木种植工程具有季节性强、难度大的特点。栽植过程、栽植质量是影响乔灌木种植成活率的主要因素。树木抗性、地上部分与地下部分生长的能力、树体的观赏效果、养护成本等很大程度上受树木栽植过程的影响，故乔灌木的种植工程要求更加精细，乔灌木生长中要避免因粗放栽植和不当操作而造成的各种问题。为了提高种植的成活率，种植前需要完成一系列的准备工作。

6.1.1 乔灌木种植前的准备工作

1. 影响乔灌木种植成活的因素

1）乔灌木自身因素影响成活率

（1）树种的影响。

树种不同造成种植成活率有较大差异。一般主根型的树种比侧根型和水平根型的树种较难成活。多次移植之后的树木比从未移植过的树木成活率高。对于树种本身来说，较易成活的树种有榆树、槐树、银杏、椴树、槭树、悬铃木和杨柳类等；较难成活的树种如樟树、枫香、云杉、七叶树等；而榧、山楂、桦木、山毛榉、山核桃等属于最难种植成活的树种。

（2）树龄的影响。

乔灌木因所处年龄段的不同而具有不同的生理活动特点，适应外界环境的能力也不同，对种植技术的要求也有差异，故乔灌木年龄很大程度上决定着种植成活率。乔灌木幼青年期根系和枝条的再生修复能力较强，一般成活率较高；壮年期树体大，掘苗、运输、栽植操作存在一定的困难，施工技术要求复杂，种植修剪时枝条受破坏程度较大，成活率较低；衰老更新期树木生长态势衰弱，大量骨干枝和骨干根衰亡，树木几乎停止生长，机能衰退，适应环境的能力减弱，故成活率最低。

园林工程一般使用最多的是较大规格的幼青年期苗木。为提高成活率，还可以选用在苗圃经过多次移植的大苗。一般选择最小胸径 3 cm 以上的落叶乔木，最小树高 1.5 m 以上的常绿乔木等作为乔灌木选用的规格。

2）植树季节影响栽植成活

（1）各季节植树的特点。

乔灌木成活受栽植时的气候条件影响，故了解种植地的气候情况，了解不同时期树木的生长生理活动变化，在合适的季节种植合适的树种，可以提高乔灌木的种植成活率，降低种植成本。

乔灌木种植最适宜的时期是蒸腾量较少、树木根系受创后能够及时恢复、树体水分代谢平衡的时期，一年四季中以休眠期（秋冬落叶后到春季萌芽前的时期）为最佳。不同地区应当依据当地的气候条件及树种的生长特性来确定。

春季种植：一般，对我国大部分地区来说，乔灌木种植的适宜时期是早春。早春气温上升、地温转暖、水分充足，树木处于蒸发量小、消耗水分少的休眠期，有利于树木成活。在冬季严寒、土壤冻结的地区，苗木种植顺序一般为：落叶树种先栽植，常绿树种后栽植；先萌芽的树种先栽植，后萌芽的树种后栽植。

夏季种植：夏季气温最高，大多数地区降水量最大，树木生长最旺盛，枝叶水分蒸腾量最大，根系水分吸收量多，此时种植不能保证成活率，根系的破坏也易造成树木缺水，使新栽乔灌木难以成活。因此，夏季植树需特别注意：首先选择夏季适栽的常绿乔木，尤其是松、柏类和易萌芽的树种；其次，采取土球移植，保证乔灌木根系的吸水能力，最好在休眠期前做好修剪、包装等移植的准备工作，减少在夏季起苗的损伤；再次，利用阴天降水季节种植，提高成活率，在下第一场透雨时立即进行，不可强栽等雨；最后，在夏季光照强、气温高的条件下，采取栽植后修枝、剪叶、树冠喷水降温、树体遮阴等措施，提高苗木种植成活率。

秋季种植：秋季气温逐渐下降、光照时间减少、土壤的水分状况相对稳定，可以进行乔灌木种植活动，但是秋植苗木要经过寒冷的冬季才能发芽，容易发生梢条现象或造成冻伤，因此必须配合适当的管理。北方秋季树木种植时间从树木落叶开始至土壤冻结前均可，也可在大量落叶时采取带叶栽植的方式，以利发芽。南方冬季土壤无冻结现象，11月份或12月上旬仍可以进行种植，其中春季开花的树种宜在11月前种植，常绿树种和竹类的种植应在9—10月份进行。一般榆、槐、杨、柳、臭椿和牡丹等以秋植为好；而不耐寒的、髓部中空的树种和易受霜害冻灾的树种不宜进行秋植。

冬季种植：大多数乔灌木在冬季处于休眠期，此时树木水分和营养物质消耗少。落叶乔灌木的根系休眠时间很短，种植后能够愈合生根，因此冬季种植也是可行的。冬季种植后有利于苗木早春萌芽生长。在冬季土壤不冻结，气候不干燥的地区可以进行冬季种植；在冬季寒冷，土壤冻结较深的地区，也可以利用冻土球移植的方法进行种植。

（2）确定植树季节。

适宜的植树季节适合树木根系再生，此时是树木地上部分蒸腾量最小，人力物力消耗较少的时期。根据乔灌木自身的生长发育规律，一般秋季落叶后到春季萌芽前树木处于休眠期，各项生理活动均很微弱，营养物质消耗最少，抵抗不良环境的能力最强，所以选择在休眠期种植乔灌木比较合适，尤其乔灌木丛休眠期至土壤冻结前，以及萌芽前树木刚开始生命活动的早春和晚秋，是最适宜乔灌木种植的季节，栽植成活率最高。春植还是秋植，需要根据树种和地区的具体条件决定。落叶乔木种植依循的原则为"春栽早，雨栽巧，秋栽落叶好"。

2. 种植前的准备工作

对于乔灌木种植工程来说，为保证工程的顺利进行和树木的成活率，在种植工程开始前，必须做好以下准备工作。

1）明确设计意图和工程概况

为保证种植工程顺利进行，在乔灌木种植工程开始前首先要了解设计意图，向设计人员了解设计最终达到的意境和效果，尤其是工程完成后近期达到的景观效果。同时，向设计单位和工程主管部门了解工程概况。需要了解的具体内容如下：

（1）了解施工范围和工程量。

乔灌木种植工程不仅需要了解工程范围和工程量，还需要了解相关工程，如草坪、道路、山石、给水排水等，这样才能保证工程顺利进行。

（2）了解工程施工期限。

种植前需要了解种植工程的启动与竣工时间，依据不同树种在当地的最佳种植时间安排乔灌木种植工程，并协调与此相关的其他工程的进度。

（3）了解工程投资情况。

以工程主管部门批准的投资额度和设计预算定额为依据，进行施工方案预算计划的编制。

（4）了解工程材料来源、机械和运输条件。

了解以下材料来源：苗木的出圃地点、时间、苗木质量和规格要求等。还需了解机械和运输条件，以便种植工程得以合理安排、顺利进行。

（5）了解施工场地现状。

在取得工程相关图纸的基础上，了解施工现场的地形地貌、地下管线的分布，房屋、路面及树木等地上物的处理办法。

2）现场踏勘及调查

施工技术员必须亲自到施工现场进行现场踏勘及调查，尽可能做到细致详尽，了解乔灌木种植施工过程中可能遇到的特殊情况以及可能存在的问题。

（1）确定各种地上物的处理办法。

通过实地现场勘探确定施工场地中地上物（房屋、路面、树木等）的去留或保护。保留物不能影响景观效果，同时还要与园林乔灌木相映成趣。

（2）了解施工现场的水、电及交通状况。

需要了解施工现场有无水源、有无电源、工地与外界联系的交通状况等。在此基础上，确定乔灌木种植后灌水的方式、路线安排，减少水、电、交通等因素对施工进度及景观效果产生的影响。

（3）了解施工现场的土壤状况。

苗木生长的基础是土壤，乔灌木的成活及后期生长均受其影响。对土壤进行现场踏勘，以确定是否需要换土和客土量及来源。土壤状况也是影响施工成本的重要因素。

（4）了解施工人员在施工期间的生活设施。

施工人员基本生活设施的安排也是影响施工进度、质量的重要因素之一。

3）编制施工组织方案

对施工现场进行踏勘、调查并充分了解设计意图和施工概况后，应对工程情况进行深入研究分析，全面制定施工组织方案。乔灌木种植工程是由多种工程项目构成的，施工组织计划要合理制定，才能保证各施工项目更好地衔接，互不干扰，多、快、好、省地完成施工任务。施工组织方案主要用文字说明、图、表等形式，包括下列内容：

（1）工程所涉及的项目名称、施工地点、施工单位名称、设计意图及施工意义、施工中的有利及不利因素、工程内容。其中，施工范围、项目、任务量及预算金额等都属于工程内容。

（2）工程的启动和竣工时间，施工总进度及单项工程进度的具体完成时间表。施工方法以及各项目之间的衔接是影响施工总进度的两个主要因素。

（3）施工现场的具体安排。主要施工场地、材料暂放处、水源位置、电源位置、交通运输线路、定点放线的基点、施工人员生活设施等，都需要合理布局。

（4）组织施工的机构。组织施工的机构主要涉及施工单位负责人，下属生产、技术指挥管理机构，财务、后勤供应，政工、安全质量人员等。还应通过图表的方式表现出施工进度、机械车辆调度、工具材料保管安排以及苗木计划，并制定种植技术。

（5）安全生产措施。安全问题是各类工程中的首要问题，不仅需要制定详细的安全生产的措施，还需要制定检查和管理办法，保证乔灌木种植工程能够安全、顺利地进行。

（6）工程主要项目的技术措施及质量要求。编制施工组织方案后的第一步就是进驻施工现场。施工人员的住宿等基本生活问题需首先得到解决，然后进行施工场地清理，拆除有碍施工的障碍物，伐除、移植那些影响景观设计要求的已有树木，按照设计图纸进行现场地形处理。

4）施工现场准备

对施工现场的垃圾、渣土、杂物等要进行清除，有碍施工的建筑物、构筑物、树木等要进行拆迁或迁移，然后按照设计图纸进行地形处理，使生地变为熟地，使场地具备施工的基本条件。还需要事先了解地下管线的走向，以免机械作业时造成地下管线的损坏。

6.1.2　种植过程

一般选择一天中光照较弱、气温较低的时间进行苗木的种植为宜，如上午 11 点以前、下午 3 点以后，最适合是在阴天无风天气。在栽植程序里，不同的措施会影响乔灌木成活及景观效果。苗木的种植一般有以下程序和要求。

1. 选苗与掘苗

根据设计对苗木的规格和形体的要求，选择生长健康、无病虫害、无损伤、树形好、根系发达的苗木。做行道树的苗木分枝点不应低于 2.5 m，选苗时还要注意包装运输的方便。

掘苗时间最好选择在苗木休眠期，秋天落叶后或土冻前、解冻后，此时起苗对苗木影响不大。可提前 1~3 天适当浇水使泥土松软，便于掘苗。掘苗时要保证苗木根系完整。一般，乔木根系可按灌木高度的 1/3 左右确定，常绿树带土球移植时，土球大小可按树木胸径的 10 倍左右确定。起苗方式有裸根起苗和土球起苗两种。土球起苗时，土球高度一般比宽度少 5~

10 cm。土球形状可根据施工方便挖成方形、圆形、长方形等。土球要削光滑,包装要严密,草绳要捆紧不能松脱,土球底部要封严不能漏土。

2. 包装运输与假植

落叶乔灌木在掘苗后、装车前要进行粗略修剪,方便装车运输和减少水分的蒸腾。落叶乔木装车前,要排列整齐,使根部向前,树梢向后,树梢不能拖地。灌木可直立装车。装运高度在2 m以下的土球苗木,可以立放,2 m以上的应斜放,土球向前,树干向后。

苗木运到施工现场,若不能及时栽植,可覆土或盖湿草后平放地面,也可对苗木进行假植。事先挖好宽1.5~2 m、深0.4 m的假植沟,将苗木放整齐,逐层覆土,将根部埋严。带土球苗木临时假植时应尽量集中,将苗木直立,将土球垫稳,周围用土培好。假植时间过长应适量浇水,保持土壤湿润,还应注意防治病虫害。

3. 挖种植穴

种植穴的大小依土球规格及苗木根系情况而定,带土球的应比土球大16~20 cm,深度比土球高度深10~20 cm。裸根苗的种植穴应保证根系充分舒展,种植穴的形状一般为圆形,上下口大小一致。种植穴挖好后,若坑内土质差或瓦砾多,需先清除瓦砾垃圾,再更换新土。

4. 种植前乔灌木的修剪

种植前,苗木必须进行修剪以减少水分蒸发,维持树势平衡,保证乔灌木的成活率。

修剪时因树种不同而有所差异。一般常绿针叶树及用于植篱的灌木只需剪去枯病枝、受伤枝即可。较大的落叶乔木,尤其是容易抽出新枝的树木(如杨、柳、槐等)树冠可剪去1/2以上,以减轻根系负担,也使得树木种植后能维持树势稳定,不招风摇动。花灌木及生长较慢的乔木可剪去全部叶片或部分叶片,去除枯病枝和过密枝。

树木栽植前还应对根系进行适当修剪,将断根、劈裂根、病虫根和过长的根剪去。剪口应平滑,及时涂抹防腐剂。

5. 种植方法

栽植苗木是把苗木立入种植穴内扶直,分层覆土,提苗至合适程度并踩实固定的过程。裸根苗、土球苗的栽植方式不同。

1)裸根苗

种植裸根苗的核心是"一提、二踩、三培土"。种植时最好每三人为一组,一人负责扶树、找直、掌握深浅度,其他两人负责填土。泥土填入一半时,轻轻提拉抖动苗木使根系舒展,进行第一次踩实。再次填土,直到与地平或略高于地平为止,随即将浇水的土堰做好。对密度较大的从植树,可按片做浇水堰。

2)土球苗

种植带土球苗首先要确保种植穴深度与土球高度保持一致。放土球苗下种植穴时,在穴内将土球苗扶正使之稳定。填土前将包扎物去除。拆除包装后树干与土球不可再进行移动,否则会使根土分离。填土时应充分压实,不能损坏土球。填好土后用余土围好浇水堰。

6. 种植后的养护管理

1）立支柱

较大苗木为了防止被风吹倒或是浇水后发生倾斜，应当在浇水前立支柱进行固定支撑，北方春季多风地区和南方台风多发区更应多加注意。

立支柱的形式多样，可实际需要和地形条件决定。一般分为单立式、双立式、三立式，有立支、斜支等立法（如图 6-1）。

（1）单支柱用坚固的木棍或是竹竿斜立于下风方向，埋深 30 cm，支柱与树干之间用麻绳或是草绳隔开，再用麻绳捆紧。而对于枝干较细的小树，可在侧方埋一根较粗壮的木柱作为依托。

（2）双支柱用两根支柱垂直立于树干两侧与树干齐平，支柱顶部捆一横担，用草绳将树干与横担捆紧，捆前应当先用草绳将树干与横担隔开，以免擦伤树皮。行道树立支柱不得影响交通。

（3）三支柱将三根支柱组成三角形，把树干围在中间，用草绳或是麻绳把树和支柱隔开，再用麻绳捆紧栽植较大的乔木时，在栽植后应设支柱支撑，以防浇水后大风吹倒苗木。

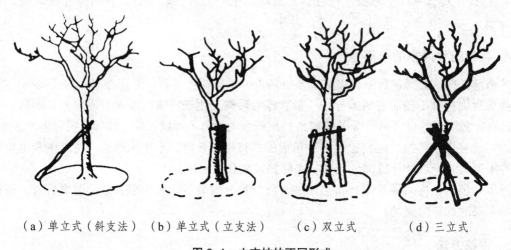

（a）单立式（斜支法） （b）单立式（立支法） （c）双立式 （d）三立式

图 6-1 立支柱的不同形式

栽植树木后，24 小时内必须浇第一遍水，水要浇透，使泥土充分吸收水分，根系紧密结合，以利根系发育。

2）树体进行裹干保湿，使抗性增强

种植的树木因生长规律被打破，树冠也进行了修剪，保留下来的枝干易失水或灼伤，枝条萌芽困难。冬季树木的抗寒能力较差，可采用草绳裹干的方法保湿保温（如图 6-2），避免强光直射使树体温度升高造成灼伤，避免大风吹袭使树体水分蒸腾，在冬季对树木起到保湿作用，减少低温对树干的损伤，提高树干的抗寒能力。草绳裹干后需每天早晚两次给草绳喷水以提高树体湿度。

裹干时也可使用塑料薄膜（如图 6-3），有利于休眠期树体的保温保湿，但是在芽萌动后，需及时拆除塑料薄膜，让树干透气。

图6-2 草绳裹干

图6-3 使用塑料薄膜裹干

3）树木遮阴降温保湿措施

非适宜季节种植的苗木，可采取搭建阴棚的方式避免树冠受到过强的太阳辐射，减少树木的蒸发量。一般用木杆、竹竿、铁管和遮阴度为70%的遮阳网搭建（如图6-4），既可以遮阴，又能保证苗木光合作用的正常进行。

4）树体喷灌降温

树体喷灌降温（如图6-5）可以使苗木的生长环境更为舒适，促进苗木根系发育，保持树体水分，减少蒸发量，从而保证乔灌木的成活率。树体喷灌与传统措施相比节省劳动力、降低劳动强度、水利用率增高，但资金投入量较大。

图6-4 遮阳网

图6-5 树体喷灌

6.2 大树移植

大树移植是景观乔灌木种植中的一项基本作业，是为满足特定要求所采用的种植方式，对成形树木进行的一种保护性移植，可以在短时间内改善景观效果，对城市建设起到绿化与美化的作用。

落叶和阔叶常绿乔木胸径在20 cm以上以及株高在6 m以上或地径在18 cm以上的针叶常绿乔木均属于大树移植的范围。

6.2.1 大树移植前的准备工作

1. 大树预掘

为保证大树移植后的成活率，可在移植前采取以下措施，促进树木的根系生长，同时便于施工。

1）多次移植

适用于专门培养大树的苗圃中，速生树种可在头几年每隔 1~2 年移植一次，待胸径达 6 m 以上时，每隔 3~4 年移植一次。慢生树种在胸径达 3 m 以上时，每隔 3~4 年移植一次，胸径达 6 cm 时，每隔 5~8 年移植一次。经多次移植，苗木大部分须根都聚生在一定范围内，正式移植时，可缩小土球尺寸和减少根部的损伤。

2）预先断根法（回根法）

适用于野生大树或具有较高观赏价值的树木移植。分期切断树体的部分根系，以促进须根的生长，缩小移植时的土球尺寸，使大树在移植时能形成大量可带走的吸收根。在移植前 1~3 年的春季或秋季，以树干为中心，3~4 倍胸径尺寸为半径画圆或正方形，在相对的两面向外挖 30~40 cm 宽的沟，深度视苗木根系特点而定，一般为 50~80 cm。挖掘时，遇较粗的根应用锋利的修枝剪或手锯切断，使之与沟的内壁齐平，然后用拌着肥料的泥土填入，分层踩实，定期浇水，这样便会在沟中长出许多须根。到第 2 年的春季或秋季再以同样的方法挖掘另外相对的两面，到第 3 年，在四周沟中均长满了须根，这时便可移走（如图 6-6）。

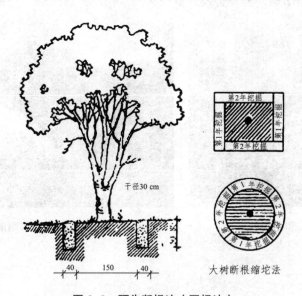

千径30 cm

40 150 40

大树断根缩坨法

图 6-6　预先断根法（回根法）

3）根部环状剥皮法

挖沟方法同"预先断根法"一致，但不切断大根，而采取环状剥皮的方法，剥皮宽度为 10~15 cm，这样也能促进须根生。这种方法由于大根未断，树身稳固，可不用支柱。

2. 大树修剪

修剪是大树移植中对苗木地上部分进行的主要措施，修剪方法主要有以下几种。

1）修剪枝叶

这是修剪的主要方式，剪去病枯枝、过密交叉徒长枝、干扰枝等。

2）摘叶

适用于少量名贵树种，移植前可摘去部分树叶以减少蒸腾量，移植后可再萌发新叶。

3）摘心

为促进侧枝生长，一般顶芽生长的如杨、白蜡、银杏、柠檬桉等可用此法，但木棉、针叶树种都不宜摘心处理，故应根据树木的生长习性和树种来决定。

4）剥芽

此法可以抑制侧枝生长，促进主枝生长，控制树冠不致过大，以防风倒。

5）摘花摘果

为减少养分的消耗，在移植前可以摘去大树一部分花或果。

6）刻伤和环状剥皮

为控制水分、养分的丧失，抑制部分枝条的生理活动，可以在移植前进行刻伤，伤口纵向或横向均可；环状剥皮是在芽下 2～3 cm 处或在新梢基部剥去 1～2 cm 宽的树皮直到木质部。

3. 清理现场及安排运输路线

在起树前，把树干周围 2～3 cm 以内的碎石、瓦砾、灌木丛及其他障碍物清除干净，把地面大致整平，为移植大树创造条件。按树木移植的先后顺序，合理安排运输路线，以保证每棵大树都能顺利运出。

4. 支柱、捆扎

为防止起树时树身不稳引起事故及损坏树木，移植前需对要移植的大树立好支柱，支稳树木。一般用 3～4 根直径 15 cm 以上的大戗木分立在树冠分枝点下方，再用粗绳将戗木和树干一起捆紧，戗木底部应牢固支持在地面上，并与地面成 60°左右夹角（如图 6-7）。

图 6-7　戗木支撑

5. 工具材料的准备

包装方法不同，所需材料也不同，如表 6-1、表 6-2 中列出木箱移植所需材料和工具，表 6-3 中列出草绳和蒲包混合包装所需材料表。

表 6-1　木板方箱移植所需材料

材　料		规格要求	用途
木板	大号	上板长 2 m、宽 0.2 m、厚 0.03 m 底板长 1.75 m、宽 0.3 m、厚 0.05 m 边板上缘长 1.85 m、下缘长 1.7 m、宽 0.7 m、厚 0.05 m	移植土球规格可视土球大小而定
	小号	上板长 1.65 m、宽 0.3 m、厚 0.05 m 底板长 1.45 m、宽 0.3 m、厚 0.05 m 边板上缘长 1.5 m、下缘长 1.4 m、宽 0.65 m、厚 0.05 m	
方木		10 cm 见方	支撑
木墩		直径 0.2 m、长 0.25 m，要求料直而坚硬	挖底时四角支柱上球
铁钉		长 5 cm 左右，每棵树约 400 根	固定箱板
铁皮		厚 0.1 cm、宽 3 cm、长 50～75 cm，每距 5 cm 打眼，每棵树约需 36～48 条	连接物
蒲包			填补漏洞

表 6-2　木箱移植所需工具

工具名称		规格要求	用途
铁锹		圆口锋利	开沟刨土
小平铲		短把口宽 15 cm 左右	修土球掏底
平铲		平口锋利	修土球掏底
镐	大尖镐	一头尖、一头平	刨硬土
	小尖镐	一头尖、一头平	掏底
钢丝绳机		钢丝绳要有足够长度，2 根	收紧箱板
紧线器			
铁棍		刚性要好	转动紧线器用
铁锤			钉铁皮
扳手			维修器械
小锄头		短把、锋利	掏底
手锯		大、小各一把	断根
修枝剪			剪根

表 6-3　草绳和蒲包混合包装材料表

土球规格（土球直径×土球高度）	蒲　包	草　绳
200 mm×150 mm	13 个	直径 2 cm，长 1 350 m
150 mm×100 mm	5.5 个	直径 2 cm，长 300 m
100 mm×80 mm	4 个	直径 1.6 cm，长 175 m
80 mm×60 mm	2 个	直径 1.3 cm，长 100 m

6.2.2 大树移植的技术措施

1. 常用的大树移植挖掘和包装方法

1）裸根挖掘、修整和包装

裸根移植一般用于落叶乔木。裸根移植的关键是尽量缩短大树的根部暴露时间。移植后应保持根部湿润，根系掘出后可喷保湿剂、蘸泥浆或用湿草包裹。挖掘过程所有预留根系外的根系应全部切断，剪口要平滑。挖掘时沿所留根系外垂直下挖操作沟，沟宽 60~80 cm，沟深视根系分布而定，挖至不见主根为止，一般 80~120 cm。从所留根系深度 1/2 处以下，逐渐向根系内部掏挖，切断所有主侧根后，可打碎土台，只保留护心土，清除余土，推倒树木，如有特殊要求可包扎根部。

2）土球挖掘、修整和包装

苗木选好后，根据苗木胸径大小确定挖掘土球的直径和高度。土球规格为干径 1.3m 处的 7-10 倍，土球高度一般为土球直径的 2/3 左右（如表 6-4）。

表6-4 土球规格

苗木胸径/cm	土球规格		
	土球直径	土球高度/m	留底直径
10 ~ 12	胸径的 8 ~ 10 倍	60 ~ 70	土球直径的 1/3
13 ~ 15	胸径的 7 ~ 10 倍	70 ~ 80	

挖掘前先立好支柱，支稳树木（如图 6-8）。将包装材料（蒲包、蒲包片、草绳等）用水浸泡好待用。挖掘前以树干为中心，按规定尺寸画出圆圈，在圈外挖 60 ~ 80 cm 的操作沟至规定深度。修整土球要用锋利的铁锹，遇到较粗的树根时，应用锯或剪将根切断，不能用铁锹硬扎，以防土球松散（如图 6-9）。用锹将土球修成上大下小呈截头圆锥形（如图 6-10）。土球底部不应留得过大，一般为土球直径的 1/3 左右，收底时遇粗大根系应锯断（如图 6-11）。土球修好后，应立即用草绳打上腰箍，腰箍宽度一般为 20 cm 左右（如图 6-12）。然后用蒲包或蒲包片将土球包严并用草绳将腰部捆好，以防蒲包脱落，即可打花箍：将双股草绳的一头拴在树干上，用草绳绕过土球底部，顺序拉紧捆牢，草绳的间隔在 8 ~ 10 cm。土球打好后，将树推倒，用蒲包将底堵严，用草绳捆好，土球的包装就完成了（如图 6-13）。

图6-8 支稳树木

图6-9 挖操作沟

图6-10　用铣修土球

图6-11　土球收底

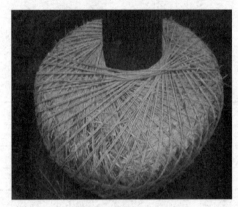

图6-12　打好腰箍的土球

图6-13　包装好的土球

在我国南方，一般土质较黏重，故在包装土球时，往往省去蒲包或蒲包片，直接用草绳包装，常用的有橘子包、井字包和五角包（如图6-14）。

捆扎顺序

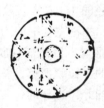

捆扎顺序

捆扎顺序

捆扎好的土球

（a）橘子包包装法

捆扎好的土球

（b）井字包包装法

捆扎好的土球

（c）五角包包装法

图6-14　南方常用草绳包装土球打包方式

3）木箱包装移植法

对于树木胸径超过 15 cm，土球直径超过 1.3 m 以上的大树，土球体积、质量较大，用软材包装移植时，难以保证安全吊运，宜采用此法。

移植前先准备包装用的板材：箱板、底板和上板（如图 6-15）。一般按苗木胸径的 7～10倍作为土台的规格（如表 6-5）。

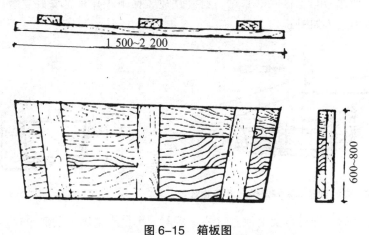

图 6-15 箱板图

表 6-5 土台规格

苗木胸径/cm	15～18	18～24	25～27	28～30
木箱规格（上边长×高）	1.5 m×0.6 m	1.8 m×0.7 m	2.0 m×0.7 m	2.2 m×0.8 m

移植前以树干为中心，比规定的土台尺寸大 10 cm 画一正方形作土台的雏形，在土台范围外 80～100 cm 处再画一正方形白灰线为操作沟范围。按所画操作沟范围下挖，沟壁要规整平滑，不得向内凹陷，使土台每边较箱板长 5 cm。土台修好后，立即安装箱板（如图 6-16）。先将箱板沿土台的四壁放好，使每块箱板中心对准树干，箱板上边略低于土台 1～2 cm，下口应高于土台底边 1～2 cm。在安放箱板时，两块箱板的端部在土台的角上要相互错开，可露出土台一部分（如图 6-17），再用蒲包片将土台角包好，两头压在箱板下。然后在木箱的上下套好两道钢丝绳。每根钢丝绳两头装好紧线器，两个紧线器要装在两个相反方向的箱板中央带上，以便收紧时受力均匀（如图 6-18）。

图 6-16 箱板包装

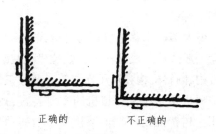

正确的　　　不正确的

图 6-17 两块箱板的端部安放位置

紧线器在收紧时，必须两边同时进行。箱板被收紧后即可在四角上钉上 8～10 道铁皮，然后用 3 根杉镐把树支稳后进行掏底。

掏底时，将四周沟槽再向下挖 30～40 cm 深，清理干净沟土，用特制的小板镐和小平铲从相对两侧同时向土台内进行掏底，当掏底宽度相当于底板宽度时，在两边装上底板。上底板前，先在底板两端各钉两条铁皮，然后将底板的一头顶在箱板上，垫好木墩。另一头用油压千斤顶顶起，使底板与土台底部紧贴。钉好铁皮，撤下千斤顶，支好支墩。两边底板钉好后即可继续向内掏底（如图 6-19）。

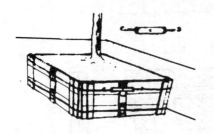 

图 6-18　套好钢丝绳安好紧线器准备收紧　　　　图 6-19　掏底

底板全部钉好后，即可钉装上板。钉装上板前，土台应铺满一层蒲包片。上板一般 2 块到 4 块，上板放置的方向与底板交叉，如需多次吊运，上板应钉成井字形，木板箱整体包装示意图见图 6-20。

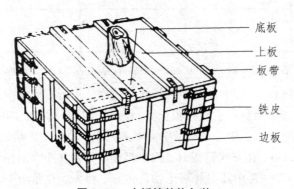

图 6-20　木板箱整体包装

4）机械移植法

机械移植法是用树木移植机来移植带土球的苗木，可以连续完成挖栽植坑、起树、运输、栽植等全部移植作业。

目前大多树木移植机都为自行式树木移植机，它由车辆底盘和工作装置两大部分组成。车辆底盘一般选择现成的汽车、拖拉机或装载机等稍加改装而成，然后再在上面安装铲树机构、升降机构、倾斜机构和液压支腿等 4 部分工作装置（如图 6-21）。常见树木移植机形式见图 6-22。

铲树机构是树木移植机的主要装置，它有切出土球和在运输中作为土球的容器保护土球的作用。树铲能沿铲轨上下移动，当移动到铲轨底部时，铲片曲面正好能铲出一个曲面圆锥体，这就是土球的形状。起树时通过升降机构将树铲放下，打开树铲框架，将苗木围合在框架中心，锁紧和调整框架以调节土球直径的大小和压住土球，使土球不致在运输和栽植过程中松散。切土动作完成后，把树铲机构连同土球和苗木一起往上提升，就完成了起树动作。

倾斜机构是使树木在提升到一定高度后能倾斜在车架上，便于运输。液压支腿则在作业时起支撑作用，以增加底盘在作业时的稳定性，防止后轮下陷。

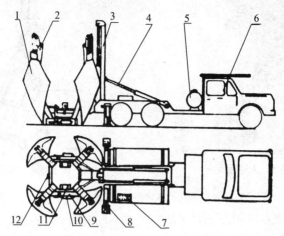

1—树铲；2—铲轨；3—升降机构；4—倾斜机构；5—水箱；6—车辆底盘；7—液压操纵阀；

8—液压支腿；9—框架；10—开闭油缸；11—调平垫；12—锁紧装置

图 6-21　树木移植机简图

（a）车载式　　（b）特殊车载式　（c）拖拉机悬挂式　　（d）自装式

图 6-22　常见树木移植机类型

2. 大树的吊运

大树的吊运工作也是移植中的重要工作之一，直接影响大树的成活、施工的质量以及树形的美观。常采用起重机吊装或滑车吊装，并结合汽车运输的方法来完成。大树运输前，首先计算好土球及大树的重量，安排相应的起吊工具和运输车辆。在吊装、运输中，关键是保护土球，不要让其破碎散开。

吊装前事先准备好粗麻绳和木板等，在吊装时，要把双股麻绳的一头留出长 1 m 以上打结固定，再将双股绳分开，捆在土球由上至下的 3/5 位置上捆紧，再将大绳的两头扣在吊钩上。在绳和土球接触的地方用木板垫起，以免麻绳勒入土球。将树木轻轻吊起后，再将脖绳套在树干基部，另一头也扣在吊钩上，即可进行起吊、装车（如图 6-23）。

方箱包装土球的大树起吊时，用 2 根 7.5～10 mm 的钢索把木箱两头围起，钢索放在距木箱顶端 20～30 cm 的地方（约木板长度的 1/5），把 4 个绳头结在一起，挂在起重机的吊钩上，并在吊钩和树干之间系一根绳索，使大树不致被拉倒，还要在树干上系 1～2 根绳索，以便在起重时用人力来控制苗木的位置（如图 6-24），以便不损伤树冠。在树干上束绳索处必须垫上柔软材料，以免损伤树皮。

图 6-23 土球吊运

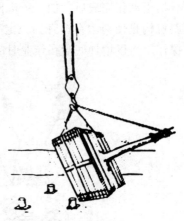

图 6-24 木箱吊运

苗木装进汽车时，为了将土球放稳，应将树冠向着汽车尾部，土块靠近驾驶室。土块下垫木板，用木板将土块夹住或用绳子将土块缚紧在车厢两侧。树干包上柔软材料放在木架上，用软绳扎紧，树冠用软绳适当缠拢，以免运输过程中造成损伤。方箱包装的大树装车步骤和要求与此类似（如图 6-25）。

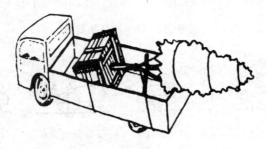

图 6-25 木箱包装大树装车

大树运输时通常一辆车只装运 1 株树，若装多株则应尽量避免相互影响，保证不损伤树干、树冠及根部土块。

3. 大树的栽植

大树定植前要进行场地清理和平整，按设计图纸的要求定点放线，在挖种植穴时，一般使种植穴直径比土球直径大 50 ~ 60 cm，深度比土球高深 30 ~ 40 cm，种植穴要求上下一致，坑壁直而光滑，坑底平整。大树运达栽植地点后需尽快定植。定植起吊前同样要在树干上捆绑两根长绳索，以便卸装及定植时用人力控制方向；同时应进行种植穴的回土和施肥。

定植起吊时应尽量使树体直立，以便直接入坑（如图 6-26）。在距坑 20 ~ 30 cm 时，需由人配合起重机，掌握好定植方位，最好符合原来的朝向，保证定植深度适宜。确定树木栽植方向后，即可将树木轻轻落入坑中，采用人力稳住树体，之后解开吊绳和包装材料，均匀填入细土，分层夯实。树木完成定植后立即灌水，在水管端口套接一根长于 1 m 的钢管，打开水阀，将水管上下抽动顺着种植穴壁直至坑底，灌到水往外冒为止。灌水时注意多方位插灌，灌透为止。

图 6-26 木箱包装大树垂直入坑

6.2.3 大树移植后的养护管理

大树再生能力没有幼树强，移植后树体生理功能大大降低，树体常常因供水不足、水分代谢平衡被打破而枯萎、死亡。因此，大树移植后，为提高成活率，必须加强后期养护管理。应具体做好以下几点：

1. 地上部分保湿

1）裹干

大树移植后需及时用稻草绳、麻包、苔藓等材料严密包裹树干和粗壮的分枝。这些包扎物能起到保温保湿的作用，使树木避免阳光直射，减少水分蒸发，调节枝干温度，减少高温或低温对枝干的伤害。树木基部地面应覆盖草席或稻草保温保湿。

2）遮阴

大树移植的初期以及高温干燥季节，一般需要搭建荫棚遮阴，以降低棚内温度，减少水分蒸发。在成行成片种植的区域，可搭建大棚以节省材料，孤植树宜按株搭建荫棚。荫棚上方及四周与树冠保持 50 cm 左右，以保证棚内有一定的空气流通。

3）喷水

喷水要求细而均匀，喷及地上各个部位及周围空间。一般采用高压水枪喷雾，或将供水管安装在树冠上方，根据树冠大小安装一个或多个喷头来喷雾。也可采取"打点滴"的方式，在树枝上挂上若干个装满清水的盐水瓶，使瓶内的水慢慢滴在树体上（如图 6-27）。

图 6-27 "打点滴"喷水

2. 促发新根

1）控水

新移植的大树根系吸水能力减弱，对土壤水分需求较少，只要保持土壤适当湿润就行。因此，一方面应严格控制浇水量，移植时第一次浇透水，之后视具体情况谨慎浇水，谨防地上部分喷水过多使水进入根系区域；另一方面，防止种植穴内积水，在地势低洼处应开排水沟排水。

2）保持土壤通气良好

土壤良好的透气性有利于苗木根须萌发，一方面需防止土壤板结；另一方面，应常检查种植时埋设的通气管或竹笼等通气设施，保持土壤良好的通气性。

3）保护新芽

地上部分的萌发，可促进根系生长促进发育，因此，对萌发的新芽要加以保护，让其抽枝发叶，待树体成活后再进行修剪整形。树体萌芽后，要特别注意喷水、遮阴、防病虫害，以保证嫩芽、嫩梢的正常生长。

3. 树体保护

1）支撑固定

定植后应解开树干绳索和树冠包扎物，再在树干 2.5~3 m 处包裹草席，捆扎 3~4 根木桩，结实地支撑于地面上，防止风吹摇动树体影响苗木生长。

2）防冻

新移植的大树遭遇低温会产生冻害，需做好定植后的防冻保温工作。一方面在入秋后控制氮肥，增施磷肥、钾肥；另一方面，在入冬寒潮来临前，可采取覆土、涂白（如图 6-28）、地面覆盖、设立风障（如图 6-29）、搭建塑料大棚等措施加以保护。

图 6-28　树干涂白　　　　　　　　图 6-29　设立风障

6.3　草坪

草坪是在园林中采用人工方式培养形成的整片绿色地面，是园林风景的重要组成部分，同时也是休憩娱乐的主要场所。

6.3.1 坪床的准备

铺设草坪和栽植其他植物不同，在建造完成后，地形和土壤条件很难再改变，故在铺设前要对场地进行处理，考虑地形处理、土壤改良和做好排灌系统。

1. 土层的厚度

草坪植物通常为低矮的草本植物，没有粗大主根，根系浅，故土层厚度不够种植乔灌木的地方仍可以种植草坪。草坪植物根系 80%分布在 40 cm 以上的土层中，且 50%以上是在地表以下 20 cm 的范围内。若种在 15 cm 厚的土层上会生长不良，故为提高种植草坪的质量，应尽可能使土层厚度达到 40 cm 左右，在小于 30 cm 的地方应加厚土层。

2. 土地的平整与耕翻

土地的平整与耕翻首先要做的是杂草与杂物的清除，消灭多年生杂草，避免草坪建成后，杂草与草坪草争养分和水分。除此之外，还应把瓦块、石砾等杂物全部清除场地外，杂物多的土层还要用 10 mm×10 mm 的网筛过一遍，确保杂物除净。

在清除了杂草、杂物的地面上，应初步做一次起高填低的平整。平整后施肥，然后进行一次耕翻。在耕翻过程中，若发现局部地段土质欠佳或混杂的泥土过多，则应换土，否则会造成草坪生长不一致，影响草坪质量。为确保新建草坪的平整，在换土或耕翻后应浇透水 1 次或滚压 2 遍，以利最后平整时加以调整。

3. 排水及灌溉系统

最后平整地面时，要结合考虑地面排水问题，不能有低凹处，以免积水。草坪多利用缓坡来排水。地形过于平坦的草坪或地下水位过高聚水过多的草坪应设置暗沟或明沟排水，最完善的排水设施是用暗管组成一个系统与水面或排水管网相连接。若采用草坪喷灌系统，应在场地最后整平前，将喷灌管网埋设完毕。

6.3.2 草坪的种植方法

用播种、铺草块、载草根或栽草蔓等方法都可以种草坪。

1. 播种法

一般用于结籽量大且种子容易采集的草种。要取得播种的成功，要注意以下几个问题：

1）种子的质量

一般要求种子的纯度在 90%以上，发芽率在 50%以上。

2）种子的处理

为了提高发芽率，在播种前可对种子加以物理或化学方法的处理。

3）播种量和播种时间

草坪种子播种量越大，见效越快，播种后管理越省事。种子单播时，一般用量为 $10 \sim 20 \text{ g/m}^2$。混播则是在依靠基本种子形成草坪以前，混种一些覆盖性快的其他种子。

播种时间：暖季型草种为春播，可在春末夏初播种；冷季型草种为秋播，北方适合 9 月上旬播种。

4）播种方法

分为条播和撒播。条播有利于播后管理，撒播可达到草坪均匀的目的。条播是在整好的场地上开沟，深 5～10 cm，沟距 15 cm，用等量的细土或砂与种子拌匀撒入沟内。不开沟为撒播，播种人应作回纹式或纵横向后退撒播（如图 6-30）。播种后轻轻耙土使种子入土 0.2～1 cm。

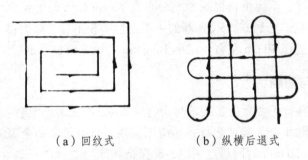

（a）回纹式　　　　　（b）纵横后退式

图 6-30　草坪播种顺序示意图

5）播后管理

应充分保持土壤湿润，并及时清除杂草。

2. 栽植法

一般 1 m² 的草块可以栽成 5～10 m² 或更多一些。

1）播种时间

全年的生长季均可进行。最佳种植时间是生长季中期。

2）种植方法

在平整好的地面以 20～40 cm 为行距，开 5 cm 深的沟，把撕开的草块成排放入沟中，然后填土踩实。

3. 铺栽法

优点是形成草坪快，可以在任何时候进行，且栽后容易管理。缺点是成本高，要求有丰富的草源。

1）选定草源

要求生长势强、密度高，而且有足够大的面积的草为草源。

2）铲草皮

先把草皮切成平行条状，然后按需要横切成块。草块厚度为 3～5 cm。

3）草皮的铺栽方法

常见下列 3 种（如图 6-31）：

（1）无缝铺栽。

这是不留间隔全部铺栽的方法。草皮紧连，不留缝隙，相互错缝。草皮的需要量与草坪面积相同。

（2）有缝铺栽。

各块草皮相互间留有一定宽度的缝进行铺栽。缝的宽度为 4~6 cm，当缝宽为 4 cm 时，草皮占草坪总面积的 70%。

（3）方格型花纹铺栽。

这种方法建成草坪速度较慢，但草皮的需用量只占草坪面积的 50%。

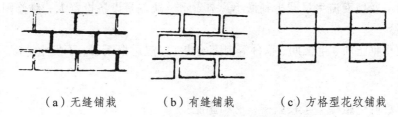

（a）无缝铺栽　　　（b）有缝铺栽　　　（c）方格型花纹铺栽

图 6-31　草皮的铺栽方法

4. 草坪植生带铺栽

草坪植生带是用再生棉经一系列工艺加工制成的有一定拉力、透水性好、极薄的无纺布，选择适当的草种、肥料按一定的数量、比例由机器撒在无纺布上，上面再覆盖一层无纺布，经粘合滚压成卷制成（如图 6-32）。每卷植生带 50 或 100 m²，幅宽 1 m 左右。

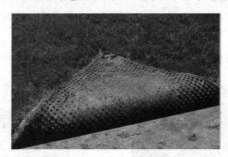

图 6-32　植生带

5. 吹附法

用草坪草种子加上泥炭、肥料、高分子化合物和水混合浆，储存在容器中，借助机械力量喷到需育草的地面或斜坡上，育成草坪。

6.3.3　草坪的养护管理

草坪养护管理工作主要包括：灌水、施肥、修剪、除杂草等环节。

1. 浇灌

1）灌水方法

建造草坪时必须考虑水源，草坪建成后必须合理灌溉。

灌水方法有地面漫灌、喷灌和地下灌溉等。

地面漫灌优点是简单易行，缺点是耗水量大，水量不够均匀，坡度大的草坪不能使用。采用这种灌溉方法的草坪应相当平整，且具有一定的坡度，坡度最好在 0.5% ~ 1.5%。

喷灌是使用喷灌设备令水像雨水一样淋到草坪上。优点是能在地形起伏比较大的地方或斜坡使用，灌水量容易控制，用水经济。缺点是建造成本高。

地下灌溉是靠毛细管作用从根系层下面的管道中的水由下向上供水。优点是可避免土壤紧实，使蒸发量及地面流失量减少到最小，节省水。缺点是设备投资大，维修困难。

2）灌水量

灌水量应根据土质、生长期、草种等因素确定。以湿透根系层、不发生地面径流为原则。

2. 施肥

为保持草坪叶色嫩绿、生长繁密，必须施肥。

建造草坪时应施基肥，建成后在生长期应施追肥。生长季每月或两个月应追肥一次。最后一次施肥北方地区不能晚于 8 月中旬，而南方地区不应晚于 9 月中旬。

3. 修剪

修剪是草坪养护的重点，能控制草坪高度，增加叶片密度，抑制杂草生长，使草坪平整美观。

草坪一年最少修剪 4 ~ 5 次。修剪时高度要求越低，修剪次数就越多。草的叶片密度与覆盖度也随着修剪次数的增加而增加。当草达到规定高度的 1.5 倍时就要修剪，最高不能超过规定高度的 2 倍。

修剪草坪一般都用剪草机。常见剪草机如图 6-33 ~ 图 6-36 所示。

图 6-33　人力剪草机

图 6-34　侧挂式割灌机

图 6-35　机动旋转式剪草机

图 6-36　大型滚刀式剪草机

4. 除杂草

杂草会影响草坪的美观，还会与草坪草争养分和水分，使草坪草的生长逐渐衰弱，因而除杂草是草坪养护管理中必不可少的一环。

除杂草最根本的方法是合理的水、肥工程，促进草坪草的生长，增强与杂草的竞争能力，并通过多次修剪，抑制杂草的发生。

5. 通气

通气即在草坪上扎孔打洞，改善根系通气状况，调节土壤水分含量，有利于提高施肥效果。一般要求 50 穴/m²，穴间距 15 cm×15 cm，穴径 1.5~3.5 cm，穴深 8 cm 左右，可用中空铁钎人工扎孔，也可采用草坪打孔机（如图 6-37）施行。

图 6-37 草坪打孔机

6.4 花坛栽植

6.4.1 花坛花卉

花坛花卉，是指用于绿地、庭院花坛内的花卉。一般是植株低矮、丛生性强，花色、花期整齐一致的花卉。多数是一二年生花卉。如雏菊、一串红、金鱼草等。由这些花卉组成的花坛称为花卉花坛。

6.4.2 花卉栽植的要求

（1）花苗的品种、规格、栽植放样、栽植密度、栽植图案均应符合设计要求。

（2）花卉栽植土及表层土整理应符合《园林绿化工程施工及验收规范》的要求。

（3）株行距应均匀，高低搭配应恰当。

（4）栽植深度应适当，根部土壤应压实，花苗不得沾泥污。

（5）花苗应覆盖地面，成活率不低于 95%。

6.4.3 花卉栽植的顺序

（1）大型花坛，宜分区、分规格、分块栽植。
（2）独立花坛，应由中心向外顺序栽植。
（3）模纹花坛应先栽植图案的轮廓线，后栽植内部填充部分。
（4）坡式花坛应由上向下栽植。
（5）高矮不同品种的花苗混植时，应以先高后矮的顺序栽植。
（6）宿根花卉与一二年生花卉混植时，应先栽植宿根花卉，后栽一二年生花卉。

思考题

1. 试简述影响乔灌木栽植成活的因素。
2. 试简述园林乔灌木种植工程施工前的准备工作。
3. 试简述乔灌木种植的基本程序。
4. 试简述栽植裸根苗木的方法。
5. 论述大树移植的方法和程序。

第 7 章 假山工程

【学习要点】
（1）假山的功能作用；
（2）假山石的材料和采运；
（3）叠石的分类和方法；
（4）掇山的布局，局部理法及施工要点。

7.1 假山的功能作用

假山既是对自然山石的模仿，又包含着设计者对自然的抽象理解，在园林中占据重要的地位。其功能也非常多样，如构成园林的主景或地形骨架，划分和组织园林空间，布置庭院、驳岸、护坡、挡土，设置自然式花台。同时，假山还可以与园林建筑、园路、场地和园林植物组合成富于变化的景致，借以减少人工气氛，增添自然生趣，使园林建筑融会到山水环境中。因此，假山成为表现园林景观的主要特征。

在造园手法中，有通过对石材的艺术布局，置石成景的手法；同时也有通过掇山的手法，形成壮丽的假山景观。另外，还有应用多种技术和材料构成的塑山。这些假山类型在园林中有着不可替代的功能作用。

7.1.1 组织划分、分隔空间

假山具有大型建筑物的特性，可以对园林空间进行分隔和划分，将空间分成大小不同、形状各异、富于变化的各种空间形态。通过假山的穿插、分隔、夹拥、围合、聚汇，在假山区可以创造出山路的流动空间、山坳的闭合空间、山洞的拱穹空间、峡谷的纵深空间等各具特色的空间形式。假山还能够将游人的视线或视点引到高处或低处，创造仰视和俯视空间景象。

7.1.2 因地制宜、协调环境

园林中的假山能够提供的环境类型比平坦地形要多得多。在假山区，不同坡度、不同坡向、不同光照条件、不同土质、不同通风条件的情况随处可寻，这就给不同生态习性的多种植物都提供了众多的良好的生长环境条件，有利于提高假山区的生态质量和植物景观质量。

7.1.3 造景小品、点缀风景

假山与石景景观是自然山地景观在园林中的艺术再现。在庭院中、园路边、广场上、水池边、墙角处，甚至在屋顶花园等多种环境中，假山和石景还能作为园林小品，用来点缀风景、增添情趣，起到造景与点景的作用。自然界的奇峰异石、悬崖峭壁、层峦叠嶂、深峡幽谷、泉石洞穴、海岛石礁等景观形象都可以通过假山石景在园林中再现出来。

7.2 假山的材料和采运方法

7.2.1 假山石的品类

假山石的品类有斧劈石、雪化石、千层石、龟纹石，五彩石、英德石、芦管石、海母石、石笋石、灵璧石、鹅软石、太湖石等三十余种，制作场所不同，用的假山石石材也不同，比如在室内可以用小的花纹细致的吸水石、龟纹石、斧劈石、千层石。室外广场可以用大气的太湖石、千层石、龟纹石、灵璧石等，要因时因地考虑假山石种类。

7.2.2 假山石的开采与运输

对于一般用途的石材，常用爆破山石岩体而得。若需获取大型的块体石材，可以爆破为主、辅以人工开凿的方法获取。如图 7-1 所示。

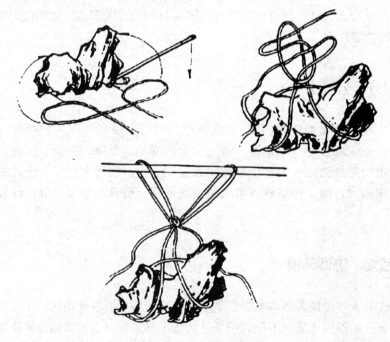

图 7-1　山石的搬运

　　石材开采后首先要对采得的石料进行挑选，将可以使用或观赏价值高的放置一旁，石材的搬运可以用粗绳结套，结活扣而靠山石自重将绳压紧。然后做好相应的保护措施，预先在运输车的车厢中铺设黄沙或泥土，确保峰石等假山石料不被破坏，再使用吊机将石料装入运输车。

7.3　置石

7.3.1　独立成景的置石

1）特置

　　选形态优美的整块山石或者是以若干山石拼叠成一座完整的峰石，特置石应该有独特观赏价值（如图7-2）。

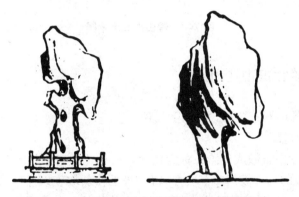

图7-2　假山特置示意图（有基座与无基座）

2）散置

　　散置又称散点，是以若干块山石布置，"散漫理之"的做法，最大特点就是山石的分散、随意布置。最重要的是保证山石的自然分布和石形石态的自然性表现。石块数量最好为单数，要"攒三聚五"，所用的石材应大小有别，形状相异。如图7-3所示。

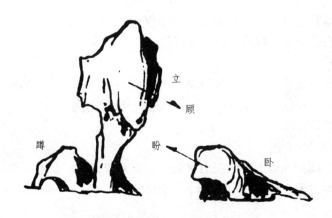

图7-3　假山散置示意图

3）群置

若干山石以较大的密度有聚有散地布置成一群，石群内各山石相互联系、相互呼应、关系协调,这样的置石方式就是群置。在一群山石中可以包含若干个石丛,每个石丛则分别由 3、5、7、9 块山石构成。日本园林中的枯山水,也属于群置的艺术手法。如图 7-4 所示。

图 7-4　假山群置示意图

7.3.2　与园林建筑结合的山石布置

与园林建筑结合的山石布置形式有以下几种:

1）山石的踏跺和蹲配

园林建筑常用自然山石做成台阶,称为踏跺。石材选择扁平状的,富于自然的外观。每级为 10 ~ 30 cm。山石的每一级都向下坡方向有 2% 的倾斜坡度以便排水。石级断面要上挑下收,术语称为不能有"兜脚"。蹲配是常和踏跺配合使用的一种置石方式。所谓"蹲配"以体量大而高者为"蹲",体量小而低者为配。也可"立"、可"卧",以求组合上的变化。

2）抱角和镶隅

所谓抱角,是指对于外墙角,山石成环抱之势,紧包基角墙面;对于墙内角则以山石填镶其中,称为镶隅。

3）粉壁置石

粉壁置石是以墙作为背景,在面对建筑的墙面或相当于建筑墙面前基础种植的部位作石景或山景布置。以粉壁为纸,以石为绘,也有称"壁山"的。

4）廊间山石小品

廊间山石小品是在成曲折回环的廊与墙之间形成一些大小不一、形体各异的小天井空隙地。可以用山石小品"补白",使建筑空间小中见大,活泼无拘。石景本身处理亦精炼,一块湖石立峰,两丛南天竹作陪衬。

5）"尺幅窗"和"无心画"

源于清代李渔。他把内墙上原来挂山水画的位置开成漏窗,然后在窗外布置竹石小品之类,使景入画,称为"无心画"。以"尺幅窗"透取"无心画"。

6）云梯

云梯即以山石掇成的室外楼梯。既可节约使用室内建筑面积,又可成自然山石景。

7.3.3 与植物相结合的山石布置——山石花台

山石花台在江南园林中运用极为普遍，庭院中的游览路线就可以运用山石花台来组织，特别适合与壁山结合随心变化。

（1）花台的平面轮廓和组合。

就花台的个体轮廓而言，应有曲折、进出的变化。花台的组合要求大小相间、主次分明、疏密多致、若断若续、层次深厚。

（2）花台的立面轮廓要有起伏变化。

（3）花台的断面和细部要有伸缩、虚实和藏露的变化。

7.3.4 置石工程实例及识图

图7-5是常见的假山平面设计图。由图可以看出每块假山石的位置、尺寸及形状，同时也可分析出置石的特点。

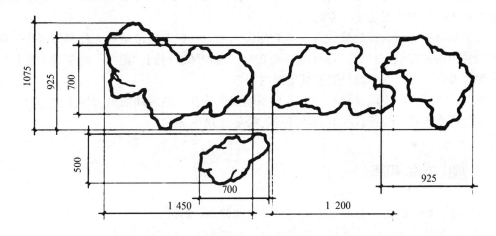

图7-4 假山的平面设计图

图7-6为假山的立面设计图。由图可以看出每块假山石的高差、立面形状和相对位置。

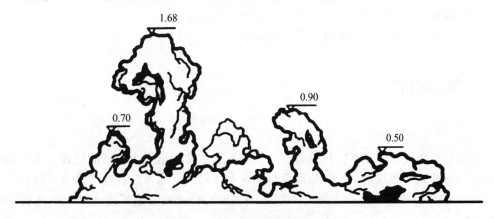

图7-6 假山的立面设计图

7.4 掇山

掇山是用自然山石掇叠成假山的工艺过程，包括选石、采运、相石、立基、拉底、堆叠中层、结顶等工序。

7.4.1 掇山的整体布局

（1）首先选择单块峰石，并放在安全之处。按施工造型的程序，峰石多为最后使用，因此要放在距离施工场地稍远一点的地方，以防止其他石料在使用吊装过程中与之发生碰撞而损坏。

（2）其他石料可以按照不同的形态、作用和施工型的先后顺序合理安排。例如，拉低用石可放前，封顶用石放在后；石色纹理接近的放置一处，用于比差异很大的放置另一处等。

（3）要使每一块石料的大面，即最具形态特征的一面朝上，以便施工时不需要翻动就可以辨认而取用。

（4）要有次序地进行排列式放置，2~3块为一排，成竖向条形置于施工场地。条与条之间须留出1m左右的通道，以方便搬石。

（5）从叠石造山大面的最佳观赏点到掇山场地，一定要保证空间无任何障碍物。观赏点又叫做假山的"定点"位置，每堆叠一块石料，设计师退回到"定点"的位置上进行观察，这是保证叠石造山大面不偏想的及其重要的细节。

（6）石与石之间不能挤靠在一起，更不能成堆放置。最忌讳的是边施工边进料，使设计师无法将所有的石料按各自的形态特征进行统筹计划和安排。

7.4.2 掇山的局部理法

（1）峰：挺拔险峻之势。有主次之分，可用峰顶峦岭岫。
（2）崖和岩：陡险峭拔之美。起脚宜小，渐理渐大，能前悬后坚。
（3）洞府：深邃幽暗，给人空间的虚实变化。
（4）谷：深幽意境。应婉转曲折，谷洞相连，以成扑朔迷离之感。
（5）山坡：平坦旷远，山石结合芳草嘉树，颇多野趣。
（6）石矶：水边突出的平缓岩石，给人亲和性。

7.4.3 掇山的构造

1. 基础

假山的基础为叠山之本，只有根据设计图纸，才能确定假山基础的位置、外形和深浅。否则，假山基础开始建造后，再想改变假山的总体轮廓，或增加高度或挑出很远就困难了，因为假山重心不能超出基础之外。一般基础表面高程应在土表层或池塘水位线以下 300~500 mm。

桩基础是一种传统的基础做法，用石钉将厚300 mm的压顶石与混凝土桩嵌紧，压顶石上布置假山石。如图7-7所示。

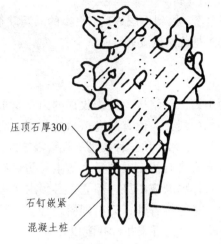

压顶石厚300

石钉嵌紧

混凝土桩

图7-7 掇山桩基础

2. 拉低

拉低又称为起脚，有使假山的底层稳固和控制其平面轮廓的作用。因为这层山石大部分在地面以下，只有小部分露出地面，并不需要形态特别好的山石，但它是受压最大的自然山石层，要求有足够的强度，因此宜选用大石拉底。我国古代将拉低看做叠山之本，因为假山空间的变化都立足于这一层。如果底层未打破整形的格局，则中层叠石亦难于变化。拉底的石料要求大块、坚实、耐压，不允许风化过度的山石拉底。

3. 中层

中层是指底层以上、顶层以下的大部分山体，这是占体最大、触目最多的部分，掇山的造型手法与工程巧妙结合主要表现在这一部分。中层除了要求平稳等方面以外，还应遵循以下几个方面的要求。

1）接石压茬

山石上下的衔接要求严密。上下石相接时除了有意识地大块面闪进以外，避免在下层石面上闪露一些很破碎的石面，古人称为"避茬"，认为"闪茬露尾"会失去自然气氛而流露出人工的痕迹，这也是皴纹不顺的一种反映。但这也不是绝对的，有时为了做出某种变化，故意预留石茬，待更上一层时再压茬。

2）偏侧错安

偏侧错安即力求破除对称的形体，避免成正方形、长方形、等边三角形。要因偏得致，错综成美，并掌握各个方向呈不规则的三角形变化，以便为向各个方向的延展创造基本的形体条件。

3）仄立避"闸"

山石可立、可蹲、可卧，但不宜像闸门板一样仄立。仄立的山石很难和一般布置的山石相协调，而且往上接山石时接触面往往不够大，因此影像稳定。但这也不是绝对的，自然界也有仄立如阐的山石，特别是作为余脉的卧石处理等，但要求用得巧。有时为了节省石材而又能有一定高度，可以在视线不可及处以仄立山石空架上层山石。

4）等分平衡

拉底石时平衡问题表现不显著，掇到中层以后，平衡的问题就很突出了。《园冶》所谓"等分平衡发"和"悬崖使其后坚"是此法的要领。

4. 收顶

收顶即处理假山最顶层的山石。从结构上讲，收顶的山石要求体量大，以便合凑收压。从外观上看，顶层的体量虽不如中层大，但有画龙点睛的作用。因此，要选用轮廓和体态都富有特征的山石。收顶一般分峰、峦和平顶三种类型。收头峰势因地而异，故有北雄、中秀、南奇、西险之称。就单体形象而言又有仿山、仿云、仿生、仿器设之别。立峰必须以自身重心平衡为主，支撑胶结为辅。石体要顺应山势，但立点必须求实避虚。峰石要主、次、宾、配，彼此有别，前后错落有致，忌笔架香烛，刀山剑树之势。顶层叠石尽管造型万千，但绝不可顽石满盖而成，对童山秃岭，应土石兼并，并配以花木。

7.4.4 掇山的施工

掇山的施工技术措施：

1）压

"靠压不靠拓"是叠山的基本常识。山石拼叠，无论大小，都是靠山石本身重量相互挤压而牢固的，水泥砂浆是补强和填缝的作用。

2）刹

为了安置底面不平的山石，在找平石之上面以后，于底下不平处垫以一至数块控制平衡和传递重力的垫片，北方假山师傅称之为"刹"，江南师傅称为"垫片"或重力石。

3）对边

叠山需要掌握山石的重心，应根据底边山石的中心来找上面山石的重心位置，并保持上、下山石的平衡。

4）搭角

搭角是指石与石之间的相接，特别是用山石发券时，只要能搭上角，便不会发生脱落倒塌的危险。搭角时应使两旁的山石稳固，以承受做发券的山石对两边的侧向推力。

5）防断

对于较瘦长的石料应注意山石的裂缝，如果石料间夹砂层过于透漏，则容易断裂，这种山石在吊装过程中会发生困难和危险，另外此类山石也不宜作为悬挑石用。

6）忌磨

"怕磨不怕压"是指叠石数层以后，其上再行叠石时如果位置没有放准确，需要就地移动一下，则必须把整块石料悬空吊起，不可将石块在山体上磨转移动，从而造成山体倾斜、倒塌。

7）勾缝和胶结

现代掇山，广泛使用 1：1 水泥砂浆，勾缝用"柳叶抹"，勾缝成自然山石缝隙。

7.4.5 掇山工程实例及识图要点

假山工程图主要包括平面图、立面图、剖（断）面图、基础平面图、细部详图等图样。

1. 平面图

假山平面图，是在水平投影面上，表示出根据俯视方向所得假山各高度处的形状结构的图样。假山平面图主要表示假山的平面布局，各部的平面形状，周围的地形、地貌，假山的占地面积、范围等。图 7-8 中坐标方格网表示尺寸大小，标高表示各处高程。

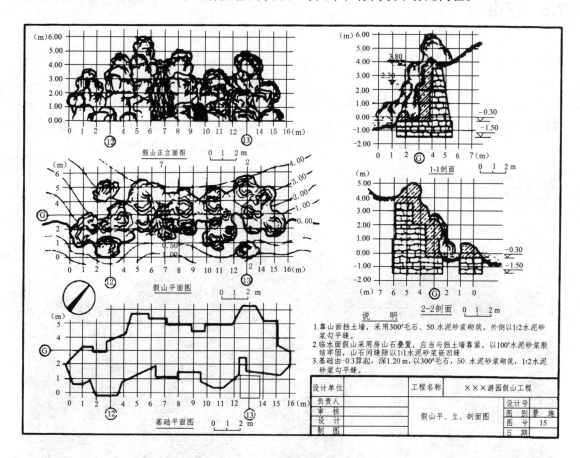

图 7-8　掇山工程施工图

2. 立面图

立面图主要表示山体的立面造型及主要部位高程，与平面图配合，可反映出峰、峦、洞、壑等各种组合单元的变化和相互位置关系。为了完整地表现山体的各面形态造型，一般应绘出前、后、左、右四个方向立面图。

3. 剖面图

假山剖面图主要表示：

（1）假山、山石某处断面外形轮廓及大小。

（2）假山内部及基础的结构、构造的形式位置关系及造型尺度。

（3）假山内部有关管线的位置及管径的大小。

（4）假山种植池的尺寸、位置和做法。

（5）假山、山石各山峰的控制高程。

（6）假山的材料、做法和施工要求。

7.5　塑山

7.5.1　塑山的特点与分类

塑山在园林中广泛的运用，可以塑造较理想的艺术形象——雄伟、磅礴富有力感的山石景，特别是能塑造难以采运和堆叠的巨型奇石。这种艺术造型较能与现代建筑相协调。此外还可通过仿造，表现黄蜡石、英石、太湖石等不同石材所具有的风格。如图7-9所示。

图7-9　塑山景观

1）塑山的特点

（1）便。

便指的是园林塑山所用的钢筋、水泥、砖等材料来源广泛，取用方便，可以就地解决，避免了在筑山叠石中采石、运石的烦恼。

（2）活。

活指塑山在造型上不受石材大小形态上的限制，可以按照设计者的要求灵活地改动，不会出现因造型形态的不合理而进行返工。施工灵活方便，不受地形、地物限制，在重量很大的巨型山石不宜进入的地方，如室内，仍可塑造出壳体结构。

（3）快。

快是指塑山的工期短，见效快。在钢骨架山体成型铺设钢丝网后，按照相应强度的混凝土进行挂浆，即可快速成型。

（4）真。

真是指好的塑山无论是从造型、质感、颜色上都能达到或接近真的山石，从而达到以假乱真的效果。同时还可以预留位置栽培植物，进行绿化。

2）塑山的分类

按照骨架材料的不同可以分为三类：

（1）砖骨架塑山。它以砖块作为塑山的骨架，适用于小型塑山或者塑石。

（2）钢骨架塑山。它以钢筋作为塑山的骨架，适用于各种大型假山。

（3）新型材料塑山有 GRC 纤维强化水泥、FRP 玻璃纤维强化树脂。它以短纤维强化水泥或者玻璃前卫强化树脂作为主要的施工材料，适用于各种形态的山体。

7.5.2 塑山的过程

1）基架设置

可根据石形和其他条件分别采用砖基架或者钢筋混凝土基架。坐落在地面的塑山要有相应的地基处理，坐落在室内的塑山则必须根据楼板的构造和荷载条件作结构设计，包括地梁和钢材梁、柱和支撑设计。基架将自然山形概括为内接几何体的桁架，并遍涂防锈漆两遍。

2）铺设钢丝网

砖基架可设或者不设钢丝网，一般形体大者都必须设钢丝网。钢丝网要选易于挂泥的材料。若为钢基架则还宜先做分块钢架附在形体简单的基架上，变几何形体为凸凹的自然外形，其上再挂钢丝网。钢丝网根据设计模型用木锤和其他工具成型。

3）挂水泥砂浆以成石脉与皱纹

水泥砂浆中可以加纤维性附加物以增加表面抗拉的能力，减少裂缝。

4）打底与抹面

这是假山造型成型的最后和最重要的环节。骨架完成后，对于砖骨架，常采用 M7.5 混合砂浆打底；对于钢骨架，则应先抹白水泥麻刀灰两遍，形成再堆抹 C20 豆石混凝土（坍落度为 0 ~ 2）打底，打底是初步塑造，形成大的峰峦起伏的轮廓以及石纹、断层、洞穴、一线天、壁、台等山石自然造型。然后用 M15 水泥砂浆罩面塑造山石的自然皱纹。山表面的纹理的塑造需多次尝试，边塑边改，最终应使各个布局都能显示出自然山石的质感。

5）上色以及上色材料

使用石色水泥浆进行面层抹平，抹光装饰成形。根据石色要求刷或者涂喷非水融性颜料，亦可在砂浆中添加颜料以及石粉调配出所需要的石色。例如：要仿造灰黑色的岩石，可以在普通普通灰色水泥砂浆中添加炭黑，以灰黑色的水泥砂浆抹面。要仿造紫色砂岩，就要用氧化铁红将水泥砂浆调制成紫砂色，要仿造黄色砂岩，则应在水泥砂浆中添加柠檬铬黄，而氧铬绿和钴蓝，则可在仿造青石的水泥砂浆中添加。

7.5.3　塑山工程实例及识图要点

实例：钢筋混凝土塑山。

钢筋混凝土塑山又称钢骨架塑山，适用于大型假山的塑造。塑山的基础是根据土壤的承载力和山体的质量来确定其尺寸大小的。在山地的底面为轮廓线，每隔 4 m 布置一根钢筋混凝土柱基（见图 7-10 左的平面图）。而塑山的效果来源于造型钢筋架和盖钢板网（见图 7-8 右的剖面图）。

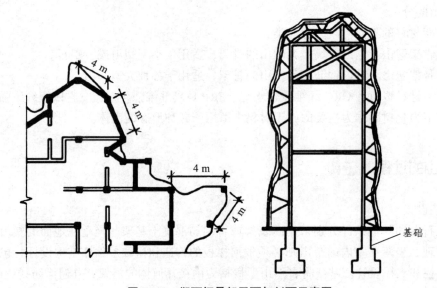

图 7-10　塑石钢骨架平面与剖面示意图

思考题

1. 简述假山在园林的作用。
2. 独立成景的置石有哪几种手法？
3. 简述掇山的整体布局与局部理法。
4. 掇山的构造包括哪些？在施工中掇山的各部分有哪些注意的问题？
5. 简述塑山的特点及其分类。其施工过程包括哪五个环节？

第8章 园林管线工程

【学习要点】
（1）园林管线工程的基本内容和特性；
（2）园林浇灌系统的施工程序；
（3）园林照明系统的施工程序；
（4）园林管线工程施工图纸识读。

8.1 园林给排水工程

8.1.1 园林给水工程

1. 园林给水的特点及分类

园林的用水主要是用于游人活动的需要、植物的养护管理以及水体景观的补充用水等，而这些用水又根据不同的用途与使用水质的不同，分别通过不同的管网进行设置，这就形成了园林景观中的给水系统。

在园林景观工程中，其主要的用水大致分为：

1）生活用水

生活用水主要是指园林景观建筑物内部所需的用水，如：小卖部、卫生间、饮水器等的用水。

2）养护用水

养护用水指园林绿化工程中用于绿化的灌溉、园路的洒水，以及一些公园动物笼舍的冲洗等用水。

3）水景用水

水景用水主要指园林景观中各类水体，比如溪涧、湖泊、池沼、瀑布、跌水、喷泉等的补充用水，这类水质的标准比养护用水稍高，需要水体无异味，无可见杂质，无有害物质。

4）消防用水

消防用水指建筑内部以及建筑周围的消防栓供水。

无论是什么类别的用水，其给水都有一定的特点，主要包括：

（1）园林中的用水点比较分散。

（2）其用水点分布于起伏的地形之上，其高程的变化相应就比较大。

（3）用水水质可根据用途的不同分别进行不同的处理。

（4）用水的高峰期可以错开。

这些类别的用水中，饮用水的水质要求比较高，尤其沏茶用水以山泉为佳。其他方面的用水水质要求都可以根据相应的情况适当降低，均可采用再生水，比如中水、雨水等均可作为绿化的灌溉用水，也可作为观赏水体景观的补充用水，一些大型的水体景观还可以通过水泵的设置形成循环系统，重复使用。表8-1为园林绿化工程用水的水质要求

表8-1 园林绿化工程各种用水的水质要求

序号	分类	范围	水质要求
1	生活饮用水	餐饮用水	满足国家生活饮用水卫生标准的相关水质要求
		沏茶用水	比餐饮用水更高，以山泉为上，江水为中，井水为下
2	农、林、牧、渔业用水	农田灌溉	满足国家相关农、林、牧、渔业用水水质要求
		造林育苗	
3	城市杂用水	城市绿化	无令人不愉快的嗅和味，满足国家城市污水再生利用，城市杂用水水质要求
		冲厕	
		道路清扫	
		消防	
4	环境用水	娱乐性景观环境用水	无漂浮物，无令人不愉快的嗅和味，满足国家城市污水再生利用，景观用水水质要求
		观赏性景观环境用水	
		湿地环境用水	

2. 园林给水的水源与管线布置

园林由于其所在地区的供水情况不同，取水方式也各异。城市区域的园林，比如居住区景观、城市公园，则可以直接从就近的城市给水管网引用自来水。而郊区园林绿地，或者离城市供水管网较远的园林景观工程，只能从附近的江湖河水引用，地下水打井抽水，附近山泉引水，或收集雨水利用中水等各种方式进行供水。

这些不同的取水方式，也就造成了园林工程给水系统基本组成的不同（如图8-1）。

而由于园林工程的用水特点以及给水水源情况，其管网的布置方式大致可以分为：

1）树枝式管网

这种布置方式布线的形式就像树干的分权分枝，比较简单，省管材，相对费用较低。它适合于用水点较为分散的情况，对于分期建设的绿化工程项目来说也是比较有利的。但是这种树枝式的管网供水的保证率比较差，一旦管网某处出现问题需要维修时，其将可能会影响整个供水系统的正常运行。如图8-2（a）所示。

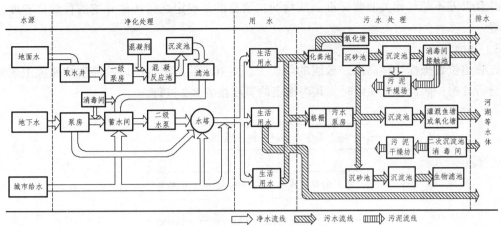

图 8-1 给水排水流程示意图

2）环状管网

环状管网顾名思义就是把供水网线闭合成环状。这种给水管线可以使供水能相互之间进行调剂，在管线中有某一段出现故障时，不会影响整个供水系统的持续运行，从而提高了供水的可靠性。但是这种供水管网方式的布置，其使用管材耗费比较大，费用比较高。如图 8-2（b）所示。

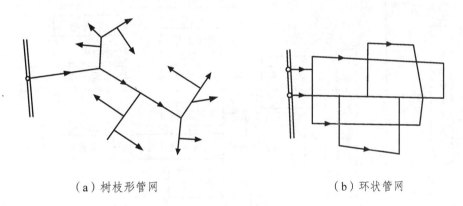

（a）树枝形管网　　　　　　　　　　（b）环状管网

图 8-2 给水管网布置形式

3. 园林给水工程施工

园林的给水工程大多数都属于隐蔽工程，这样就需要在施工时要充分的准备并且按照相应的程序来进行。

对于园林给水工程来说又有许多相应的分项工程，其相互间即独立同时又密不可分（图 8-3），在给水管线施工必须要遵循。

1）施工前的准备

在施工前要准备好相应的工作，比如施工的图纸、挖掘的机械（如需要）、供水水源的连接点、地下埋设物的状况以及相关部门的申请批准手续等。

2）测量放线

对于园林景观的给水管道，多数还是处于起伏地形之中，为了方便施工的进行，在施工之初，往往需要先对管线的坐标、标高进行测量，并打桩放线，确保管道的铺设符合设计要求，并且误差不超过相关验收标准。放线的主要目的是确定之后沟槽开挖的位置、宽度以及深度等。

3）基槽开挖

在管道位置坐标、标高已经放线的前提下，对管道的沟槽宽度以及深度按照施工图纸的要求进行开挖；而设计无规定时，其沟槽底的宽度按表 8-2 进行。

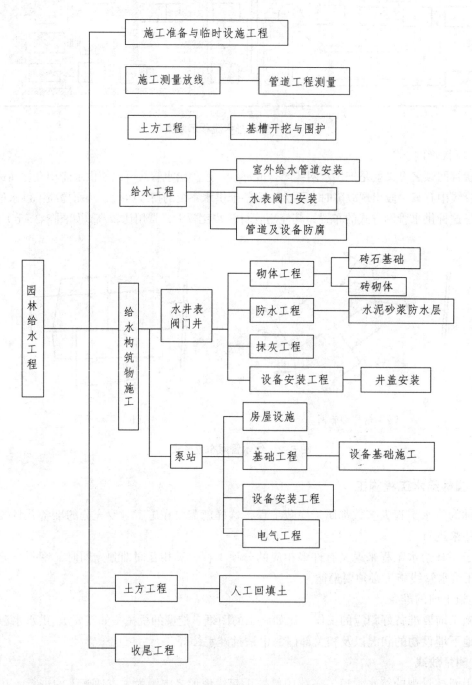

图 8-3　园林给水工程的分项构成

表8-2 沟槽底宽尺寸（单位：m）

管材名称	管径 D_N/mm				
	50～75	100～200	250～350	400～450	500～600
铸铁管、钢管、石棉水泥管	0.70	0.80	0.90	1.10	1.50
陶土管	0.80	0.80	1.00	1.20	1.60
钢筋混凝土管	0.90	1.00	1.00	1.30	1.70

说明：①当管径大于100 mm时，非任何管材沟底宽为 D_W+0.6m（D_W 为管箍外径）。

②当用支撑板加固管沟时，沟底净宽加0.1 m；当沟深大于2.5 m时，每增加1 m，净宽加0.1 m。

③在地下水位高的土层中，管沟的排水沟宽为0.3～0.5 m。

为防止塌方，沟槽开挖后应留有一定的边坡，其大小与土质和沟深有关，一般按设计规定进行；当设计无规定时，深度在5 m以内的沟槽，最大边坡按表8-3规定进行。

表8-3 深度5 m以内的沟槽最大边坡坡度（不加支撑）

土壤名称	边坡坡度		
	人工挖土，并将土抛于沟边上	机械挖土	
		在沟底挖土	在沟边挖土
砂土	1：1.0	1：0.75	1：1.0
亚砂土	1：0.67	1：0.50	1：0.75
亚黏土	1：0.50	1：0.33	1：0.75
黏土	1：0.33	1：0.25	1：0.67
含砾石、卵石	1：0.67	1：0.50	1：0.75
泥岩白土	1：0.33	1：0.25	1：0.67
干黄土	1：0.25	1：0.10	1：0.33

说明：①若人工挖土不把土抛于沟槽边，而是随时运走时，即可采用机械在沟底挖土的坡度。

②表中砂土不包括细砂和松砂。

③在个别情况下，如有足够依据或采用多种挖土机，均可不受本表限制。

④距离沟边0.8 m以内，不应堆积弃土和材料，堆土高度不超过1.5 m。

沟底要求是坚实的自然土层，如果是松土层，应该要夯实，有块石要处理块石并铺平等处理。挖好后要根据施工图纸进行检查是否符合设计。

4）管道及设备安装

沟槽挖完就可以安装管道，管道安装前要检查管道有无裂缝砂眼等，管内杂物清理干净，并按照承口迎着水流方向，插口顺着水流方向散开摆好，即散管。散管之后就可下管，也就是把管子从地面放入沟槽之内，如图8-4所示。

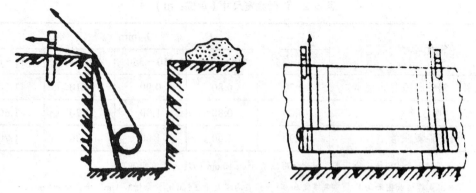

图8-4　下管操作示意图

下管完成后就要进行管道的连接以及相应附件设备的连接安装，安装之后再进行水压试验，保证其耐压强度以及连接的严密性，最后进行给水管道的冲洗消毒，即完成管道的安装步骤。

5）给水构筑物施工

如果有设置阀门井、泵站，需要进行相应的建筑安装工程项目的，应及时进行相应的砌筑保护工程施工。

6）回填

最后进行沟槽的回填，一般分为两个步骤：

（1）管道两侧即管顶以上不小于0.5 m的土方，管顶安装完毕后即刻进行回填，接口处留出，但其底部管基必须填实。

（2）沟槽其余部分在管道试压合格后及时回填。

7）收尾

在全部施工完成之后，需要认真对比施工图纸中的相关规定是否达到要求，位置、标高、形状、质量等，并且打扫清理现场。

当然除此之外，同时在施工时还要注意：竣工的标高；管线的埋深不宜过大；管道接口的处理；回填土用优质土以及压实；水表或止水阀安装位置要稍高，避免积水损坏仪器。

8.1.2　园林排水工程

1. 园林排水的基本特点与方式

在园林景观工程中，用水经过生活、生产过程会受到污染，成为污水、废水，需要处理后进行排放；雨水冰雪融水等亦需要及时排放，以减轻灾害，这样就需要在设计中有一套完善的管渠系统，来有组织地进行排除与处理，并进行综合利用，这就是园林的排水工程。

对于园林工程的排水其主要是以雨水的排除为主，因园林绿化景观内部地形变化比较丰富，通常都是利用地形、道路坡度等来进行雨水的组织排放。一般做法是在绿地内部利用设计的坡度进行自然排水，把雨水收集于园路、建筑等周边的排水沟渠，汇聚于雨水收集池等，进行简单的物理处理，就近排放入水体景观之中，或流入中水系统作为灌溉用水，再次利用。

而在园林景观中一些生活、生产过程产生的污水，则需要组织就近排放进入相应的城市污水排放系统。

因此，园林排水工程与其他工程排水有其相应的特点。

1）分散排水

园林工程中，生活污水产生的较少，而且建筑并不集中，其污水的排放可不必集中进行。对于雨水的排放同样也不需形成一个完整的系统，可以就近排入市政管网，亦可排入园中或园外水体景观。

2）雨污分流

雨水与污水的处理过程是不同的，雨水简单处理可以再利用进行水体景观等的补充用水，而污水处理过程较复杂才可再利用。在园林工程中把雨污分流，雨水的收集组织系统，不仅可以解决经水体用水的补充，同时也可以解决灌溉用水的补充；而污水的处理，条件允许就自设处理系统，形成水循环系统，不允许就排入市政管网，节约处理成本。

3）设施造景

对于园林排水中的设施，应该尽量的结合造景设置，师法自然，减少人工痕迹，融于景观环境之中。比如减少地表径流的挡水设施，可用造型山石、结合道路铺设等。如图8-5所示。

图8-5 路边挡水石

2. 雨水管渠的布置与污水的处理

园林绿化景观工程之中，需要排水的更多的是雨水，而雨水的排除都应尽可能地利用地形，但是在一些广场、建筑或者难于利用地形排水的局部，可以设置沟渠进行排水。

对于雨水管渠的布置主要是依据地形，设置一定的坡度（如表8-4），利用重力的作用进行雨水的自流通过，因此在设计时要考虑管渠的坡度、断面以及流速，同时还要注意降雨强度。

表 8-4　雨水管渠最小坡度

沟渠名称	道路边沟	梯形明渠	雨水管管径/mm			
			200	300	350	400
最小坡度	0.002	0.0002	0.004	0.003 3	0.003	0.002

对于园林景观中的污水，其来源主要由餐厅、茶室、卫生间、动物禽兽笼舍等产生的污水，此类污水与城市污水相比，性质简单，量较少，处理起来也比较简单。根据不同的性质，对这些污水进行分别的处理，如餐厅、小卖饮食部门的污水，主要是残羹剩饭、洗涤废水，污水中的油脂含量较多，可利用隔油井，经沉渣、隔油后，直接排入就近水体，即可以养鱼也可以是藻类、荷花、浮萍等水生植物的良好肥料，同时这些水生植物对这些污水又可以进行相应的净化效果，为水体的循环利用提供相应的支持。

而卫生间的污水处理应采用化粪池，污水在化粪池中经过沉淀、发酵等过程，排入市政污水管，如无市政污水管网的园林景观区，可设置小型污水处理器或氧化塘，对污水进一步处理，再排入园内或园外的水体景观之中。

但无论采用哪一种污水的处理排放方式，都应该在排出水时达到国家要求的排放标准，尤其是排入景观水体之中，一定要符合相关的水质要求，比如开展水上活动的水体比排入有污水净化功能的水体中的要求更高。

3. 园林排水工程的施工

园林的排水工程与给水工程一样，也是多数都属于隐蔽工程，施工的流程与相关的内容也一样，同样需要 7 个步骤，只是具体的内容有稍微的区别，其分项工程的内容也相应有一些区别（如图 8-6）。

1）施工前的准备

在施工前要准备好相应的工作，比如施工的图纸、挖掘的机械（如需要）、排水市政管的连接点、地下埋设物的状况，以及相关部门的申请批准手续等等。

2）测量放线

排水管道同样多数处于起伏地形之中，为了方便施工的进行，在施工之初，需要先对管线的坐标、标高进行测量，并打桩放线，确保管道的铺设符合设计要求，并且误差不超过相关验收标准。放线的主要目的是确定之后沟槽开挖的位置、宽度以及深度等。

3）基槽开挖

在管道位置坐标、标高已经放线的前提下，对管道的沟槽宽度以及深度按照施工图纸的要求进行开挖；而设计无规定时，其沟槽底的宽度参照给水管的要求进行。

为防止塌方，沟槽开挖后应留有一定的边坡，其大小与土质和沟深有关，一般按设计规定进行；当设计无规定时，深度在 5 m 以内的沟槽，最大边坡参照给水管的要求进行。挖好后要根据施工图纸进行检查是否符合设计。

4）管道及设备安装

沟槽挖完就可以安装管道，排水管道安装前同样需要检查管道有无裂缝砂眼等，管内杂物清理干净，并按照要求把管子从地面放入沟槽之内。并进行管道的连接以及相应附件设备的连接安装。安装之后还需要进行闭水试验，保证其连接口的严密性，即完成管道的安装步骤。

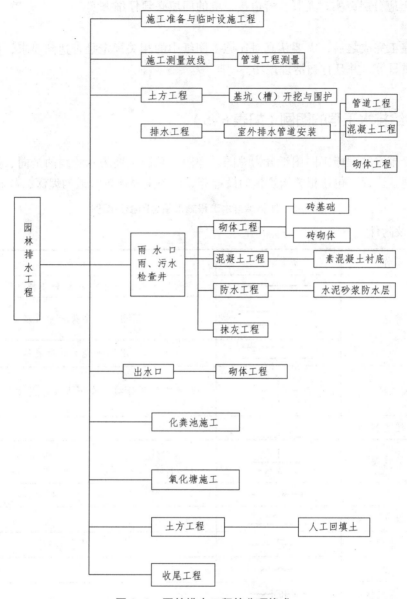

图 8-6　园林排水工程的分项构成

5）排水构筑物施工

排水工程中对于隐蔽的管道，还需要有检查井，出水处还有出水口，这些工程还需要进行相应的建筑安装工程中的相应项目施工。有些园林绿化工程设置有化粪池、氧化塘的还需要进行相应施工。

6）回填

排水管沟槽的回填，在闭水试验完成，办理了"隐蔽工程验收记录"后即可进行。回填时需要注意：

①管顶上 500 mm 以内不得回填直径大于 100 mm 的块石和冻土块；500 mm 以上的部分回填块石或冻土不得集中；机械回填时，机械不得在管沟上行驶。

② 回填土应分层夯实，尤其是管道接口坑的回填必须仔细夯实。

7）收尾

在全部施工完成之后，需要认真对比施工图纸中的相关规定是否达到要求，如位置、标高、形状、质量等，并且打扫清理现场。

8.1.3 园林给排水工程的图例（如表8-5）

园林的给排水工程施工图图纸分为总图、详图。总图主要表示管线的走向、位置，以及构配件的类型、位置，包括相关构筑物的设置等。详图主要体现管道的埋深、截面情况等。

表8-5 园林给排水工程施工图总图相关图例

A. 管道及附件

序号	名称	图例	说明
1	管道		用于一张图内只有一种管道
		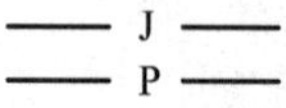 J P	用汉语拼音字头表示管道类别
			用图例表示管道类别
2	交叉管	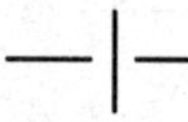	管道交叉不连接，在下方和后面的管道应断开
3	三通连接	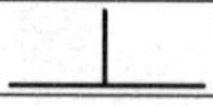	
4	四通连接	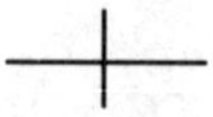	
5	流向		
6	坡向		
7	套管伸缩器	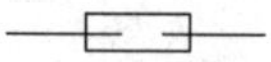	
8	软管		
9	可挠曲橡胶接头		
10	管道固定支架		
11	多孔管		
12	防护套管	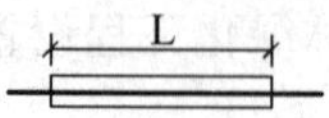 L	
13	管道立管	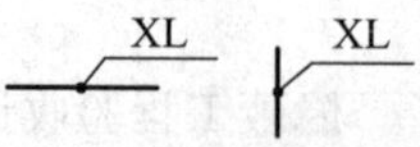 XL　　XL	X 为管道类别代号
14	排水明沟		
15	排水暗沟		

B. 管道连接

序号	名称	图例	说明
1	法兰连接	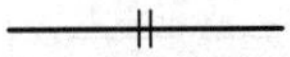	
2	承插连接		
3	螺纹连接		
4	活接头	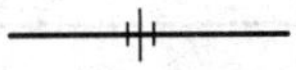	
5	管堵		
6	法兰堵盖		
7	偏心异径管		
8	异径管	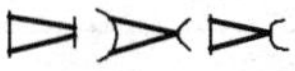	
9	弯管		
10	正三通	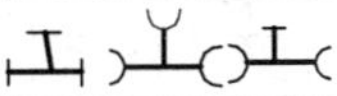	
11	转动接头	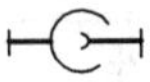	
12	管接头	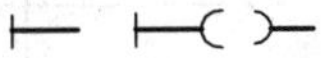	
13	斜三通		
14	正四通	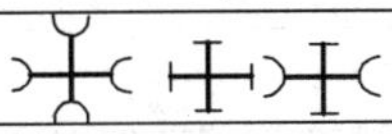	
15	斜四通	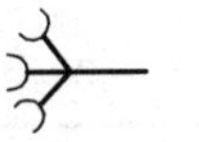	

C. 阀门

序号	名称	图例	说明
1	阀门		用于一张图内只有一种阀门
2	闸阀		
3	截止阀		
4	电动阀		
5	减压阀		
6	底阀	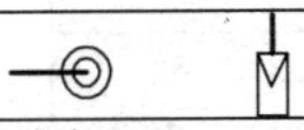	
7	球阀		
8	压力调节阀		
9	电磁阀		
10	止回阀		
11	蝶阀		
12	放水龙头		

续 表

序号	名称	图例	说明
13	皮带龙头		
14	洒水龙头		
15	脚踏开头		
16	室外消火栓		

D. 卫生器具及水池

序号	名称	图例	说明
1	矩形化粪池	▢ HC	"HC"为化粪池代号
2	圆形化粪池	◯◯ HC	
3	除油池	▭ YC	"YC"为除油池代号
4	沉淀池	▭ CC	"CC"为沉淀池代号
5	雨水口		
6	阀门井，检查井	◯ ▢	
7	泄水井	⊘	
8	跌水井	⊖	
9	水表井	◤▶	本图例与流量计相同

E. 设备及仪表

序号	名称	图例	说明
1	泵	⊘	用于一张图内只有一种泵
2	离心水泵		
3	手插泵		
4	管道泵		
5	喷射器		
6	过滤器		
7	压力表		
8	流量计	◀◤	

图8-7为某公园绿化景观工程中水景的给水系统图,根据图纸可以看出此水景给水管道的走向位置,其材质为 PE 管材,管径根据不同的地点以及主次分为,主管道为 DN50 与 DN40,支管为 DN20 与 DN32；DN15 雾化喷头 11 套；潜水泵一个,型号为 50WQ/C241-1.5。

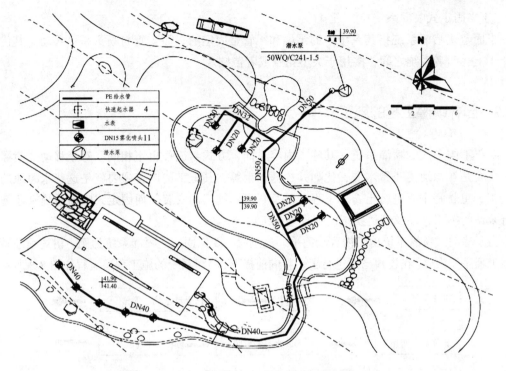

图 8-7 某公园水景给水图

8.2 园林喷灌系统

8.2.1 园林喷灌系统的分类

园林喷灌系统属于园林给水工程，其布置类似于给水系统，其水源可取自市政供水系统，取自附近江河湖泊，也可取自中水系统。喷灌系统的设计要求是一个完善的供水管网体系，通过这一管网能为喷头提供足够的水量和必要的工作压力，使其能正常地工作运行。

园林的喷灌系统属于给水工程，其依据喷灌的方式可以分为移动式、半固定式、固定式三类。

1）移动式喷灌系统

移动式喷灌系统就是水泵、管道、喷头相应的喷灌设施是可移动的喷灌体系。由于这种方式的喷灌设施是可移动，管道设备不必埋入地下，因此比较省投资，机动性也比较强，但是其管理劳动强度较大。这种方式的喷灌系统适用于有天然水源的园林景观、苗圃、花圃等的灌溉。

2）固定式喷灌系统

固定式喷灌系统指泵站是固定的，供水的管道均埋于地下，喷头固定于竖管之上的喷灌方式。这种方式的喷灌操作方便，节约劳动力，便于自动化与遥控操作，但是这种系统的喷灌设备费用比较高，多用于需要经常进行灌溉的草坪、大型花坛、庭院绿地等。

3）半固定式喷灌系统

半固定式喷灌系统指其系统中的泵站和干管是固定的，而支管与喷头是可移动。其优缺点介于上述两者系统之间，多用于大型花圃或者苗圃。

8.2.2 园林喷灌工程的施工

对于不同形式的喷灌系统，其施工内容不同，方式与流程也不相同。对于移动式喷灌系统，主要是在绿地内布置水源，比如井、塘、渠等，其施工的内容主要就是这些水源地的开挖施工，也就是主要进行土石方工程，以及管道、阀门的安装。而固定式喷灌系统则还需要进行泵站的施工，以及管道系统的铺设等施工内容。

由于移动式喷灌系统施工内容较简单，这里就主要以固定式喷灌系统为例，讲述喷灌系统的施工程序及内容。在场地已经进行了平整的前提下，喷灌系统的施工程序流程如图8-8所示。

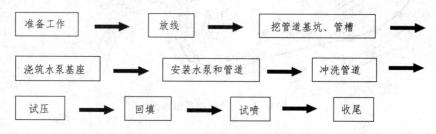

图8-8 喷灌系统的施工流程示意图

1. 准备工作

在进行喷灌系统施工之前，要对图纸进行充分的熟悉，对于管线的走向，标高等了解清楚，同时准备好相应的水泵、管材、喷头以及阀门等材料，并对这些材料进行检验，安装前的处理工作，同时对于场地必须检查是否已经进行了场地平整工作。

2. 放线

在场地平整后，应该先把设计图纸上的喷灌系统设计直接布到地面上。注意对于水泵的放线主要是对水泵的轴线位置、泵房基脚位置以及开挖的深度进行确定，而管道的放线主要是干管轴线的位置，弯头、三通、四通、喷点（竖管）的位置，以及管槽的深度。

3. 挖管道基坑、管槽

一般对于园林的喷灌系统，在便于施工的前提下其管槽可尽量窄一下，而在接头的地方可以为一个大坑，这样的施工方式管子承受的压力也较小，土方量也较小。管槽的底面就是管道的铺设平面，需要挖平以减少不均匀的沉陷。在管槽、基坑挖好之后应该立即浇筑基础、铺设管道，以免长时间敞开造成塌方和风化底土，影响施工质量或增加土方量。

4. 浇筑水泵基座

管槽挖好之后，在水泵设置处要进行基座的浇筑，其关键在于严格控制基脚螺钉的位置和深度，常用一个木框架按水泵基脚的尺寸打孔，再按水泵的安装条件把基脚螺钉穿在孔内进行浇筑。

5. 安装水泵和管道

管道的安装工作包括接收、装卸、运到现场、机械加工、接头、装配等。在施工时需要注意以下几方面：

（1）干、支管均应埋在当地的冰冻层以下，并应考虑地面上动荷载的压力来确定最小埋深。管子应有一定的纵向坡度，使管内残留的水能向水泵或干管的最低处汇流，并装有排空阀以便在喷灌季节结束后将管内积水全部排空。

（2）对于脆性管道（如水泥管），装卸运输需特别小心以减少破损率，铺设时隔一定的距离（10~20 m）应装有柔性接头。管槽应预先夯实并铺砂过水，以减少不均匀沉陷造成的管内应力。在水流改变方向的地方（弯头、三通等地方）和支管末端应设镇墩以承受水平侧向推力和轴向推力。

（3）对于塑料材质的管道，应装有伸缩节以适应温度变形。

（4）安装过程中要自始至终注意防止砂石进入管道内部。

（5）对于金属管道在铺设之前应预先进行防锈处理，并在铺设时检查，如发现防锈层有损伤或脱落应及时修补。

水泵安装时要特别注意水泵轴线与动力机轴线一致，安装完毕后应检查同心度，吸水管要尽量短而直，接头要严格密封不可漏气。

6. 冲洗管道

管道安装好后，在安装喷头之前，要先开泵进行管道的冲洗并且把竖管敞开，自由溢流把管中的沙石冲出，以免以后造成管道的堵塞。

7. 试压

在喷灌系统相关管道与管件安装完成之后，在进行坑道回填前，需要把系统中所有开口的部分全部进行封闭，分段进行试压，试压的压力比工作压力大一倍，并且保持这种压力 10～20 分钟，各接头无漏水即可。

8. 回填

试压完成，证明了整个喷灌系统施工质量合格，并且符合设计要求，才能够回填。管道的埋深较大应分层轻轻夯实，而采用塑料材质的管道时，应掌握回填的时间，最好是在气温与土壤平均温度相等时进行，可减少管道因温度变形。

9. 试喷

最后装上喷头进行试喷，检查一下正常的工作条件下，各喷点处喷头是否达到了相应的工作压力，检查水泵和喷头是否运转正常，测量系统均匀度，是否达到了设计的要求。

10. 收尾

喷灌系统施工完成，进行现场的清理、打扫，并且绘制埋入地下的管道与管件的实际位置图，以便检修参考。

8.2.3　园林喷灌工程识图

园林的喷灌系统工程施工图纸内的图例与给排水工程的施工图图例相同，其实际是属于给水工程的范畴,因此喷灌系统的识读与给水工程的识读方法一致。图 8-9 为某公园绿化用地喷灌设施示意图,图中粗线为喷灌系统主管道,材质为 PE 材质管材,其他分支管道为 PPR 材质管材,有 20 个旋转喷头,5 个螺纹阀门。

图 8-10 为某厂区局部绿化喷灌系统图,从图中可以知道,此区域为工艺区绿化喷灌系统,双点长画线表示的是喷灌管线,其管径为 DN32,有 3 个快速取水阀,15 个地埋式喷头,一个阀门连接此区域外的主管道。

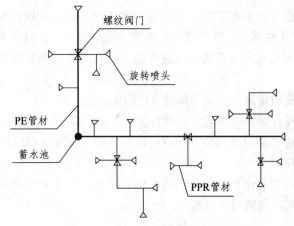

图 8-9 某绿地喷灌设施示意图

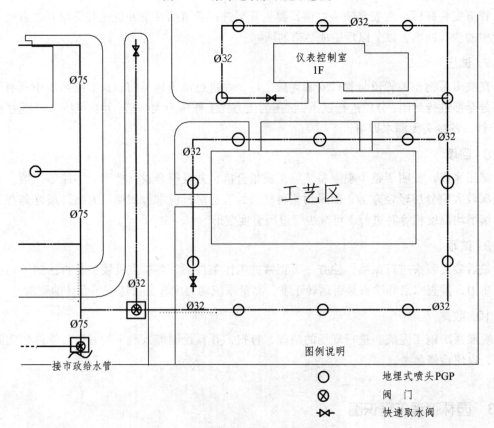

图 8-10 某厂区局部绿化喷灌系统图

8.3　园林照明系统

园林绿化工程与建筑工程一样，需要照明用电，建筑用电多为照明用电，而园林工程的用电除了照明用电，还有动力电，如喷水池、灌溉等的动力供电，但多数园林绿化工程还是以照明用电为主，而这里也主要介绍照明用电系统。

8.3.1　园林照明的作用与方式

对于园林景观环境来说，照明不仅仅是在夜间创造一个明亮的环境，满足人们的夜间活动、保卫工作等功能的需要，更多是在满足人们对于夜间游览、观赏灯展、音乐喷泉等心理方面的需求；充分地利用灯光照明，在晚间创造出新的园林景观环境。

而针对不同的功能作用，园林照明的方式可划分为以下三种：

1. 一般照明

一般照明指不考虑局部的特殊需要，为整个被照明场所而设置的照明方式。这种照明方式与道路照明相似，其一次性投资少，照度均匀。

2. 局部照明

局部照明指对某些设计中需要突出的景观或景点进行重点的照明。如一些雕塑、树木、广场等局部。这些局部的地点往往是人们视线或活动的中心，对照度及其方向都会有一定的要求，就需要重点进行照明。但在整个景观环境中，局部照明就像园林景观设计中的点睛之笔，是在一般照明的基础之上进行的，并不是只有局部照明。

3. 混合照明

混合照明由一般照明和局部照明共同组成的照明。对于一些对照度有特殊要求的景观环境，就需要采用混合照明。

8.3.2　园林照明原则

对于园林景观来说，其照明多为室外的照明，环境比较复杂，变化多样，很难硬性规定相应的原则，一般来说可以参考以下的原则。

（1）不能只是简单地设置照明设施，而应该结合园林景观的特点，充分体现出其景观在灯光之下的效果为原则来进行布置。

（2）灯光的照射方向与颜色的选择，要以能增加树木、花卉的美观为主要的前提。如：针叶树只有在强光下反映材良好，垂柳、枫树等阔叶树对泛光灯照明较好，小型投光器会使局部花卉色彩绚丽夺目，汞灯使树木草坪绿色鲜明等。

（3）水面或者水景照明的处理，要注意反映水周边的小桥、树木、建筑等，制造出在水中的似梦似幻意境。而瀑布、喷水池需把灯光透过水流造成水柱的晶莹剔透、闪闪发光的景观为宜，一般宜将灯具置于水面以下 30 ~ 100 mm，并且白天也不易发现的地方，效果更佳。

（4）园林景观中的主要园路宜采用低功率的路灯，装在 3 ~ 5 m 高的灯柱上，柱距 20 ~

40 m 效果较好。也可以在同一柱上安装两灯，需要提供照度时两灯齐明，也可设置控制灯来调整照明。而对于一些次要园路或小路可设置地灯或者草坪灯进行照明。

（5）园路的照明灯要注意路旁的树木对于照明的影响，避免遮挡，可以增加光源的功率，也可以安装不同高度的灯具以及悬挂的方式等等，进行光源的补充。

（6）照明设置均需隐蔽在视线之外，最好全部敷设电缆线路。

（7）彩色灯可以制造喜庆的节日气氛，但不易获得一种宁静、安详的氛围，同时也比较难表现自然的景象，因此使用这类灯光时要注意有限度的设置。

8.3.3　园林照明设计与施工

1. 园林照明设计

进行园林照明的设计，要在充分考虑照明方式、照明的对象、照度要求的基础之上来进行，而要考虑这些要求就必须要有一定的基础资料：

（1）园林景观工程相关的图纸资料，如设计说明书、总平面布置图及地形图，主要建筑物的平面图、立面图和剖面图。

（2）该景观工程的环境景观对于电气的要求（设计任务书），特别是一些专用性强的公园、绿地照明，应明确提出需要的照度、灯具样式、布置、安装等的要求。

（3）电源的供电情况以及进线的方位。

（4）其他相关资料文件。

有了以上的资料之后就要进行照明的设计工作，一般照明设计也有一定的设计步骤，需要按照相应的顺序进行，如图 8-11 所示。

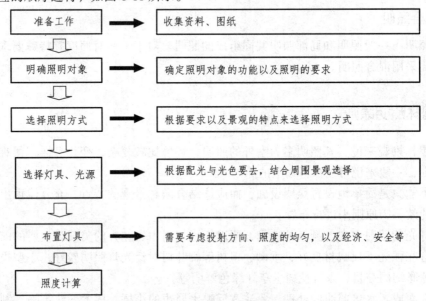

图 8-11　照明设计步骤流程图

2. 园林照明系统的施工

园林照明系统属于电气工程，它包括了电缆线路管道的放线、挖沟以及回填，线路管的安装，在管内穿电缆线，配电箱以及灯具的安装，电缆线路的调试检测等内容，其施工的主要流程如图 8-12 所示。

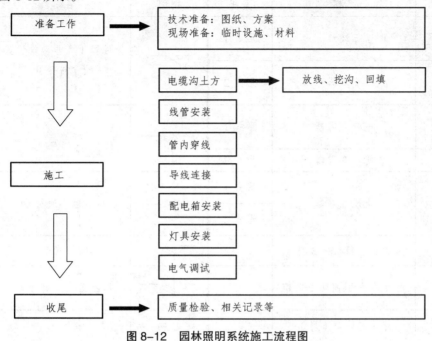

图 8-12 园林照明系统施工流程图

8.3.4 园林照明工程实例及识图

园林照明工程施工图纸分为总图与详图，总图主要是表达照明系统线路的走向、位置、标高等内容，其线路的图线以及构件的表达如表 8-6 与表 8-7 所示。图 8-13 为照明系统图。

表 8-6 园林照明系统总图图线

图线名称	图线形式	图线应用
粗实线	——————	电气线路，一次线路
细实线	——————	二次线路，一般线路
虚线	— — — —	屏蔽线路，机械线路
点画线	—·—·—	控制线
双点画线	—··—··—	辅助围框线

表 8-7 常用电气图例符号

图例	名称	备注	图例	名称	备注
—◯◯—	双绕组	形式 1	▱	电源自动切换箱（屏）	
⊐Ɛ	变压器	形式 2	⌐	隔离开关	

图例	名称	备注	图例	名称	备注
	三绕组	形式1		接触器（在非动作位置触点断开）	
	变压器	形式2			
	电流互感器	形式1		断路器	
	脉冲变压器	形式2			
	电压互感器	形式1		熔断器一般符号	
		形式2			
	屏、台、箱柜一般符号			熔断器式开关	
	动力或动力-照明配电箱			熔断器式隔离开关	
	照明配电箱（屏）			避雨器	
	事故照明配电箱（屏）		MDF	总配线架	
	室内分线盒		IDF	中间配线架	
	室外分线盒			网络交换箱	
	灯的一般符号			分线盒的一般符号	
	球形灯			单极开关（暗装）	
	顶棚灯			双极开关	
	花灯			双极开关（暗装）	
	弯灯			三极开关	
	荧光灯			三极开关（暗装）	
	三管荧光灯			单相插座	
	五管荧光灯			暗装	
	控灯			密闭（防水）	

图例	名称	备注	图例	名称	备注
	广照型灯（配照型灯）			防爆	
	防水防尘灯			带保护接点插座	
	开关一般符号			带接地插孔的单相插座（暗装）	
	单极开关			密闭（防水）	
	指示式电压表			防爆	
	功率因数表			带接地插孔的三相插座	
	有动电能表（瓦时计）			带接地插孔的三相插座（暗装）	
	电信插座的一般符号可用以下的文字或符号区别不同插座：TP—电话，FX—传真，FM—调频，TV—电视，⊲—扬声器			插座箱（板）	
	单极限时开关			指示式电流表	
	调光器			匹配终端	
	钥匙开关			传声器一般符号	
	电铃			扬声器一般符号	
	天线一般符号			感应探测器	
	放大器一般符号			感光火灾探测器	
	分配器，两路，一般符号			气体火灾探测器（点式）	
	三路分配器			缆式线型定温探测器	
	四路分配器			感温探测器	

续表 8-7

图例	名称	备注	图例	名称	备注
—— ——///—— ——/——³ ——/——ⁿ	电线、电缆、母线、传输通道、一般符号、三根导线 三根导线 n 根导线		Y	手动火灾报警按钮	
⊶/—/—⊶ —/—·—/—	接地装置 （1）有接地极 （2）无接地极		⬈	水流指示器	
——F——	电话线路		★	火灾报警控制器	
——V——	视频线路		⌓	火灾报警电话机（对讲电话机）	
——B——	广播线路		EEL	应急疏散指标标志灯	
◑	消火栓		EL	应急疏散照明灯	

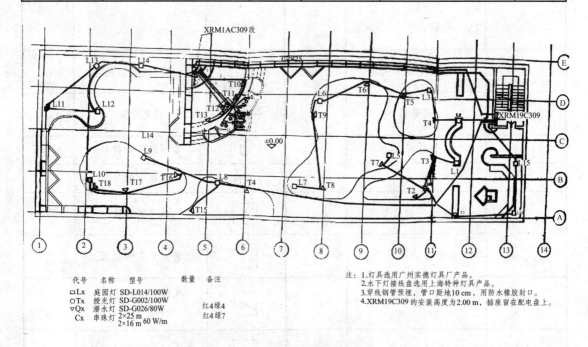

代号	名称	型号	数量	备注
□Lx	庭园灯	SD-L014/100W		
○Tx	接光灯	SD-G002/100W		红4绿4
▽Qx	潜水灯	SD-G026/80W		红4绿7
Cx	串珠灯	2×25 m 2×16 m 60 W/m		

注：1.灯具选用广州实德灯具厂产品。
2.水下灯接线盘选用上海特种灯具产品。
3.穿线钢管预埋，管口距地10 cm，用防水橡胶封口。
4.XRM19C309 的安装高度为2.00 m，插座留在配电盘上。

图 8-13 某屋顶花园照明系统图

从图 8-13 中可以看出照明电缆线的走向与布置，灯具的位置与种类，接线盘的选用以及穿线管的埋深、封口等内容。

思考题

1. 试简述园林管线工程的内容及特点。
2. 试简述园林喷灌系统工程的施工程序及特点。
3. 试简述园林照明系统工程的特点。
4. 试找一套园林绿化工程中的喷灌系统、照明系统施工图图纸，在教师的指导下进行识读。

第9章 园林工程施工总平面图的识读

【学习要点】

（1）熟悉园林工程施工总平面图的组成；

（2）掌握园林工程施工总平面图的表达特点；

（3）了解园林工程施工图总平面的一般规定；

（4）掌握园林工程施工图总平面识读方法和顺序。

9.1 设计依据

设计依据是整个设计的基础性文件，也是设计中的必要文件。对于这些条件必须充分了解和分析，才能在基础性文件的前提条件下进行设计，从而满足相关要求。通常情况下设计的依据应包括如表 9-1 所示的内容。

表 9-1 设计依据必备资料一览表

	资料分类	具体内容	内容描述
设计依据	任务书及相关图纸	任务书	设计任务书对设计的目的、意义及其功能有一个比较宏观的部署
		红线图	红线图是设计用地范围的重要依据
		地形测量现状图	地形测量现状图应为测量详尽的电子版图纸，应包含用地范围周边的市政规划道路的设计标高及控制点坐标
		供水图	供水图包括管网的坐标、管径、压力、高程
		供电图	供电图则应包括红线范围内供电网的电压等级、可提供的高低压供电点及容量以及照明配电箱安装位置
		外围雨排水、排污管网图	排水、排污井坐标、高程
		燃气图	区域内敷设的燃气平面图、管径及竖向图
		测绘图	结合现场，踏勘实地，对本场地周围建筑的测绘图纸
	基础资料及各类报告	土壤种植质量报告	当地植物的种类、土壤酸碱性
		地质勘测报告	地下水位高度、抗震设防烈度
		气象资料	风、雨、日照、温度、湿度等
		地貌现状	地块所处环境的江、河、湖、海、地形等地貌现状
		水文现状	地块所处区域的水质标准、常水位最高最低水位值、防洪泄洪标准
	施工前各阶段的图纸及批文	方案图阶段	建设局、消防局、人防办、环保局等政府批文
		初步设计阶段	对方案及初设阶段甲方确认批文及政府批文

9.2   园林工程施工总平面图的组成

场地总体布局是在前期准备工作完成之后，在场地上进行综合布局和安排，从而达到合理确定各项组成元素之间的空间位置及其基本形态的一项非常重要的内容。场地总体布局需要考虑的内容很多，必须组织好项目各组成部分的相互关系，处理好场地布局中各要素之间的关系。

园林工程施工总平面图包括的内容主要从总体布局考虑，包括以下几项：

（1）定位平面图。

（2）竖向平面图。

（3）索引平面图。

（4）土石方计算平面图。

9.3   园林施工总平面图的表达特点

园林施工总平面图简称总图，一套完整的总图可以全面地表达园林中各个组成部分的平面关系，确定其基本形态，从而宏观地决定了园林和场地的整体形态。总图布局要综合考虑多方面多专业的因素，相互协调同步设计。

9.3.1   园林施工总平面图纸上表达的基本内容

1）图纸的基本要素

风玫瑰图、比例尺、文字说明、图名、图例表、建构筑物及节点名称等要素是一套完整的园林施工总平面图上必须要表达的基本要素。

2）地形和水体

园林工程涉及大量的地形和水体设计，在园林施工总平面图上应清楚地用坐标定位、尺寸标注将各水体的位置、形状等标识清楚；还应通过现状与原始地形标高，设计地形等高线清晰地表达出地形的具体设计。

3）园路和广场

在总图中应将主要园路和广场的坐标进行定位、尺寸进行详细标注、控制点逐一标高；并标识出道路变坡点标高、道路纵坡及横坡的坡度坡长、排水方向、道路转弯半径等。

4）小品及建构筑物

园林工程中往往会有大量的园林小品及建构筑物，这些单体通常都有详图，但是在总图阶段要通过控制点坐标定位，尺寸标注交代单体在总图中的位置关系；通过室内外高程标注交代单体与场地的高差关系。

5）设计说明

设计图中存在一些用图形、图线或符号表达不清楚的问题，需要用文字加以说明。设计说明可以直接写在图纸上，但是内容较多时，可以单独编写。设计说明要有针对性的对施工中可能遇到的问题进行说明，以便于施工人员能够更好地理解设计并按照设计施工，以期达到较好的效果。

9.3.2　园林施工总平面图的制图要求

1）比例与布局

园林图纸按照规模的大小可以采取 1∶500 至 1∶2 000 之间的比例绘制，但应采取整数比例绘制，图纸通常按照上北下南的方向绘制，可根据图纸实际的需要居中或偏左、右均可。

2）图例

施工图图例应统一，这样才便于设计单位、施工单位、监理单位各方都能快速识读，因此图例应按照《总图制图标准》（GB/T 50103—2001）中的标准绘制。如果在标准中没有给出的图例，或由于设计自行设定的图例，要在总图中用图例表进行说明。

3）单位

施工总平面图一般包括总图和详图，总图的单位一般宜用"m"，详图一般宜用"mm"为单位。

4）标高关系

为了便于施工单位快速准确地使用图纸施工，施工图中室外场地标注的标高应为绝对标高，建筑物室内地坪则应该统一标出相对标高和绝对标高。

5）坐标关系

为了施工总平面图中的建筑、道路等要素能够准确地落到用地范围内，在总图中应将设计的建筑物、道路、室外场地等用坐标定位于图纸上。

9.3.3　园林施工总平面图的识读要点

（1）通过总平面图大致了解设计意图，项目规模、功能分区等基本设计情况。

（2）了解总平面中各个设计元素如建筑、道路、水体、绿地、广场等的布局。

（3）了解各功能区的标高，分析竖向设计的合理性。

参考文献

[1] 孟兆祯，毛培琳，黄庆喜，等. 园林工程[M]. 北京：中国林业出版社，1995.

[2] 郭明. 景观小品工程[M]. 北京：中国建筑工业出版社，2005.

[3] 田永复. 中国园林建筑工程预算[M]. 北京：中国建筑工业出版社，2002.

[4] 杜汝俭. 园林建筑设计[M]. 北京：中国建筑工业出版社，1985.

[5] 易新军，陈盛彬. 园林工程[M]. 北京：化学工业出版社，2009.

[6] 《看图快速学习园林工程施工技术》编委会. 看图快速学习园林工程施工技术——园林土方工程施工[M]. 北京：机械工业出版社，2014.

[7] 《看图快速学习园林工程施工技术》编委会. 看图快速学习园林工程施工技术——园林工程识图[M]. 北京：机械工业出版社，2014.

[8] 《看图快速学习园林工程施工技术》编委会. 看图快速学习园林工程施工技术——园林绿化工程施工[M]. 北京：机械工业出版社，2014.

[9] 金柏苓，张爱华. 园林景观设计详细图集 1[M]. 北京：中国建筑工业出版社，2001.

[10] 陈雷，李浩年. 园林景观设计详细图集 2[M]. 北京：中国建筑工业出版社，2001.

[11] 周为，裘进. 园林景观设计详细图集 3[M]. 北京：中国建筑工业出版社，2001.

[12] 刘爱华. 水景与假山[M]. 北京：机械工业出版社，2012.

[13] 潘全祥. 施工现场十大员技术管理手册[M]. 北京：中国建筑工业出版社，2004.

[14] 钟振民，张存民，庚昊. 现代水景喷泉工程设计[M]. 北京：人民交通出版社，2008.

[15] 田会杰. 给水排水工程施工[M]. 北京：中国建筑工业出版社，1998.

[16] 田建林，张柏. 园林景观水景给排水设计施工手册[M]. 北京：中国林业出版社，2012.

[17] 李映彤. 小庭院水景设计[M]. 北京：机械工业出版社，2010.

[18] 孔宪琨. 水景与石景[M]. 北京：机械工业出版社，2012.

[19] 薛建. 水体与水景设计[M]. 北京：水利水电出版社，2008.

[20] 韩琳. 水景工程设计与施工必读[M]. 天津：天津大学出版社，2012.

[21] 刘祖文. 水景与水景工程[M]. 哈尔滨：哈尔滨工业大学出版社，2010.

[22] 朱志红. 假山工程[M]. 北京：中国建筑工业出版社，2010.

[23] 田建林. 园林假山与水体景观小品施工细节[M]. 北京：机械工业出版社，2009.

[24] 张松尔. 园林塑石假山设计 100 例[M]. 天津：天津大学出版社，2012.

[25] 覃辉. 土木工程测量[M]. 上海：同济大学出版社，2004.

[26] 梁伊任. 园林建设工程[M]. 北京：中国城市出版社，2000.